前言

精心打造建造师队伍

《建造师》系列丛书一贯秉承服务建造师的宗旨。《建造师》7依然是以建造师的工作实践为出发点,展开探讨。

一级建造师注册已在全国范围内展开,从注册系统网上上报情况来看,截至本书发稿为止,全国已有11万人在网上进行了建造师注册填报。其中,已报省级建设行政主管部门的有9.8万多人;通过省级建设行政主管部门审查的有6.4万人;报部级管理部门有近4.2万人。从注册人员材料上报情况看,目前,建设部注册中心已受理建造师注册材料34403份,通过审批19040份并分五批公示,通过注册6000多人并分三批公告。

《建造师》7选编了"2007'第三届中国建造师论坛"的部分论文。"坚定方向,稳妥操作,精心打造建造师队伍"一文针对广大建造师关注的建造师执业资格制度与项目经理资质管理制度的衔接问题,作者结合对上海建工集团的调查,指出只要稳妥操作,配套政策及时跟进,就可以做到平稳过渡。"项目经理的基本素质要求和我国建造师的相关制度"一文则试图从理论上理清项目经理与建造师的关系。

《建造师》7"政策法规"栏目刊出了建设部新近颁布的《绿色施工导则》和《绿色建筑评价标识管理办法(试行)》,这必将大大地规范和推进我国绿色施工的开展,促进我国可持续建筑和施工的实施。"绿色"在国际建设行业已经不再只是一个概念,在对环保高度重视的西方国家,如美国、英国、法国和其他一些国家都已存在并且成功地实施了"绿色"法规和评级系统。去年,在法国巴黎,联合国环境规划署与几家世界著名的建筑企业一起,向全球建筑业发起了"绿色倡议",目的在于使产值数十亿美元的建筑业能够变绿。建筑业巨子Lafarge、Skanska和Arcelor是这次"可持续建筑和施工倡议(SBCI)"的发起人。美国的《工程新闻记录》今年9月还最新评出了50家"绿色承包商"。在这样的国际大环境下,中国的建筑施工企业如何快速跟进,也是建造师面临的一个新课题。

配合全国建筑市场及行业监管,特别提请建造师关注全国建筑市场监管及2007全国质量安全监督执法检查最新动态。

"案例分析"栏目推出中国石化工程建设公司对惠州80万t/年乙烯工程建设管理模式的剖析,文章还兼对赛科乙烯项目的IPMT管理模式做了介绍,并对两个项目的建设管理模式做了全面的比较分析。文章提出大型石化项目管理模式要针对项目的特点选择最适合的管理模式,以提高大型石化项目的工程建设管理水平。

《建造师》7在"研究探索"、"工程实践"、"工程法律"和"建造师论坛"栏目分别选登了部分一线建造师的论文,既贴近建造师的工作实际,又有一定的理论水平,充分体现了中国注册建造师的综合素质。

"海外巡览"栏目尝试对国外建筑市场、建筑行业的最新动向做一些介绍,本书介绍了美国建筑业截止到今年7月的行业发展动向。颇值得关注。

《建造师》是中国建造师自己的交流平台,我们希望能有更多的、各个专业的一线建造师关注它,并积极参与交流。

图书在版编目(CIP)数据

建造师 7/《建造师》编委会编. — 北京：中国建筑工业出版社，2007
ISBN 978-7-112-09635-0

Ⅰ.建... Ⅱ.建... Ⅲ.建造师 — 资格考核 — 自学参考资料 Ⅳ.TU

中国版本图书馆 CIP 数据核字(2007)第158115号

主　编：李春敏
特邀编辑：杨智慧　魏智成　白　俊

《建造师》编辑部
地址：北京百万庄中国建筑工业出版社
邮编：100037
电话：(010)68339774
传真：(010)68339774
E-mail：jzs_bjb@126.com
　　　　　68339774@163.com

建造师 7
《建造师》编委会　编
*
中国建筑工业出版社出版、发行(北京西郊百万庄)
各地新华书店、建筑书店经销
北京朗曼新彩图文设计有限公司排版
世界知识印刷厂印刷
*
开本：787×1092 毫米　1/16　印张：7 1/2　字数：250 千字
2007 年 11 月第一版　2007 年 11 月第一次印刷
定价：15.00 元

ISBN 978-7-112-09635-0
　　(16299)

版权所有　翻印必究
如有印装质量问题，可寄本社退换
(邮政编码 100037)

第三届中国建造师论坛

1　坚定方向　稳妥操作　精心打造建造师队伍
　　　　　　　　　　　　　　　　忻国梁　乔边
4　项目经理的基本素质要求和我国建造师的相关制度
　　　　　　　　　　　　　　　　　　　　孙继德
8　关于制定《注册建造师职业道德行为准则》的几点思考
　　　　　　　　　　　　　　　王雪青　杨秋波

政策法规

13　绿色施工导则
19　绿色建筑评价标识管理办法(试行)
21　第十二届"绿色中国"论坛　潘岳发表讲话

特别关注

22　加强建筑市场监管　规范建筑市场秩序　促进建筑业又好又快发展
25　2007年全国工程质量安全监督执法检查
28　中国经济形势走式分析
　　——中国经济形势分析与预测 2007 秋季报告

案例分析

32　对惠州 80 万 t/年乙烯工程建设管理模式的剖析
　　　　　　　　戚国胜　彭　飞　宋继周　晋朝辉
42　承包供水工程项目应注意的几个问题
　　——从 E 国供水项目合同执行谈开去　邵　丹　杨俊杰

研究探索

46　国际工程承包市场的发展趋向　　　　　　　　方　纹
49　国际工程大型投资项目管理模式探讨　　　　陈柳钦
60　论国有大型建设企业集团的管理创新　　　　任明忠
65　民营建筑企业人力资源管理的现状　　　　　吴向辉

海外巡览

70　新加坡地铁设备安装及装修管理模式　　　　李　平

- 76 美国建造业7月新开工建设总值下降11% .... 黄晔

工程实践

- 78 运用组织行为学加强对首都机场GTC项目的管理 .... 黄克斯
- 82 解析压型钢板-混凝土组合楼板的质量控制方略 .... 龚建翔
- 84 燃煤电厂大型设备吊装技术与应急措施 .... 刘彬
- 88 EPC总承包项目中的材料控制 .... 杨俊峰
- 92 EPC项目采购中几个重要环节的管理 .... 张岩 娄保华

工程法律

- 96 运用物权法有关占有和留置权制度维护建筑企业合法权益 ... 曹文衔
- 101 建筑施工企业材料采购合同法律风险分析与防范 ...... 朱小林 王飞

标准图集应用

- 103 国家标准图集应用解答

建造师论坛

- 104 国际工程承包融资方式简介 .... 邱凤扬
- 106 专家论证不能少数服从多数 .... 王铭三

建造师书苑

- 108 一本颇值建造师借鉴的参考书——《工程承包项目案例及解析》 ... 李枚
- 110 新书介绍

信息博览

- 112 综合信息
- 115 建造师考试信息
- 115 地方信息

本社书籍可通过以下联系方法购买:
本社地址:北京西郊百万庄
邮政编码:100037
发行部电话:(010)58934816
传真:(010)68344279
邮购咨询电话:
(010)88369855 或 88369877

《建造师》顾问委员会及编委会

顾问委员会主任： 黄 卫　姚 兵

顾问委员会副主任： 赵 晨　王素卿　王早生　叶可明

顾问委员会委员(按姓氏笔画排序)：

刁永海	王松波	王燕鸣	韦忠信
乌力吉图	冯可梁	刘贺明	刘晓初
刘梅生	刘景元	孙宗诚	杨陆海
杨利华	李友才	吴昌平	忻国梁
沈美丽	张 奕	张之强	张鲁风
张金鳌	陈英松	陈建平	赵 敏
柴 千	骆 涛	逄宗展	高学斌
郭爱华	常 健	焦凤山	蔡耀恺

编委会主任： 丁士昭　缪长江

编委会副主任： 江见鲸　沈元勤

编委会委员(按姓氏笔画排序)：

王秀娟	王要武	王晓峥	王海滨
王雪青	王清训	石中柱	任 宏
刘伊生	孙继德	杨 青	杨卫东
李世蓉	李慧民	何孝贵	何佰洲
陆建忠	金维兴	周 钢	贺 铭
贺永年	顾慰慈	高金华	唐 涛
唐江华	焦永达	楼永良	詹书林

海外编委：

Roger. Liska(美国)

Michael Brown(英国)

Zillante(澳大利亚)

第三届中国建造师论坛

坚定方向 稳妥操作
精心打造建造师队伍

◆ 忻国梁，乔 边

(上海装饰装修行业协会，上海 200021)

一、建立建造师执业资格制度是大势所趋

自改革开放以来，特别是进入新世纪以来，我国的城市建设实现了跨越式发展，为我国的建筑施工企业和施工管理人才，提供了广阔的发展空间，但同时，伴随着我国建筑市场不断的对内、对外开放，行业内竞争的压力越来越大。就整体而言，我们的施工企业技术手段还不够先进，尤其是工程管理方面，和国际企业还有很大的差距。我们现在实行的项目经理资质管理制度，由于客观条件和管理等原因，偏于粗放，面对国外企业的竞争，面对日益国际化的世界建筑大市场，显得越来越不适应，一些因为项目经理自身业务或者道德素质等方面的原因，导致的重大安全质量问题，影响了企业的可持续发展。

我国企业要做大做强，走向国际，必须努力提高自己的综合管理素质。正因为如此，建立我国的建造师执业资格制度被提到政府决策层的议事日程上来。2002年12月5日，人事部、建设部联合下发了《关于印发〈建造师执业资格制度暂行规定〉的通知》(人发[2002]111号)，印发了《建造师执业资格制度暂行规定》，该制度有了实质性启动。2003年2月27日，《国务院关于取消第二批行政审批项目和改变一批行政审批项目管理方式的决定》(国发[2003]5号)规定："取消建筑施工企业项目经理资质核准，由注册建造师代替，并设立过渡期"。建设部根据其精神下发通知："建筑业企业项目经理资质管理制度向建造师执业资格制度过渡的时间定为五年，即从国发[2003]5号文印发之日起至2008年2月27日止。在过渡期内，原项目经理资质证书继续有效。对于具有建筑业企业项目经理资质证书的人员，在取得建造师注册证书后，其项目经理资质证书应缴回原发证机关。过渡期满后，项目经理资质证书停止使用。"

事至今日，尽管我国的建造师已经有了一定的数量，但时至2007年中期，建造师执业资格制度与项目经理资质管理制度的衔接仍然让业内人士心有疑虑，其一，项目经理总数仍然较大于建造师数量；其二，相当数量的经验丰富、在重要岗位的项目经理，因为时间、精力、原来文化功底差等原因，没有取得建造师资格；其三，许多缺少甚至没有工程管理经

第三届中国建造师论坛

验的年轻人取得了建造师资格，在实战中却难当重任。半年多以后，过渡期结束，走"双轨制"(延长过渡期)，还是走"单轨制"(确立建造师制度在大中型工程建设中的地位，操作层面采取灵活稳妥的做法)，争论引起了业内的广泛关注。

我们认为，实行"单轨制"是比较合适的。

首先，"双轨制"，将是对既定政策的极大损害，将造成难堪的政府信用危机。何况，延长过渡期期限很难确定，最可怕的还是，无限过渡，政策失灵。所谓"一鼓作气，再而衰，三而竭"，社会预期会慢慢消退。

其次，需要明确的是建造师针对的不是所有的项目，而是"大中型"项目，这些项目的施工，也必须是有较高资质的企业。"大中型"项目，对项目管理人员的要求必然高，同时，较高资质的企业，也必然要求较高素质的管理人才。建立建造师执业资格制度，应该是大中型项目或者大企业的内在要求，为什么还要延期呢？至于操作层面必然面临的一些问题，我们将在后面讨论。

二、认真实施，上海建工集团成效显著

上海建工集团下辖全资、控股企业300余家，具有建设部核发的国内最高等级的房屋建筑和市政公用工程总承包双特级资质；在2004年"中国承包商、工程设计企业双60强"排名中列国内承包商第6位、地方企业的首位；在2004年商务部公布排名的全国对外承包工程企业30强中列第5位。该集团从一开始，就对建造师执业资格制度，给予了积极响应，因为他们的目标很明确，成为国际一流的建筑企业。为此，他们对人才的培养，不遗余力。

据了解，该集团连续几年与同济大学合作，启动了大规模的建造师培训。近两年更是每年有500人参加培训(参见表1)。同时，还专门发出《关于做好一级建造师培训考试工作的通知》，提出"各单位党、政主要领导亲自抓好一级建造师的培训考试工作，并将此项工作纳入一年一度的业绩考核内容之一。""对参加培训考试合格的相关人员的培训费、报名费给予一次性报销"。同时还提出："对持有一级建造师资格证书，还不具备项目经理管理能力和素质的相关人员要加大培养力度，以老带新，力争用较少的时间达到岗位所必备的要求。"

该集团有关人士透露，集团对明年的过渡"大限"有了积极的准备，"能转过去"。因为按照现有的培训速度，要达到企业资质必备的一级建造师数目是没有问题的，大部分一级项目经理的过渡也没有问题。

由建工集团案例可以看出：其一，有抱负的建筑企业有强烈的人才意识，建造师执业资格，比较好地迎合了这种需求。其二，他们的完全转型，需要政策层面的积极跟进，解决他们一些操作层面的难题。

三、稳妥操作，实现建造师制度的水到渠成

1.实行建造师制度条件基本具备

建立建造师执业资格制度，是企业与国际接轨，做大做强的客观要求。五年的过渡期，通过政府、企业、行业组织的积极努力，我国的建造师队伍已经初具规模，一级建造师达到23万人，二级建造师达到60万人。相关的培训工作正有条不紊展开。建造师制度正逐步为企业和市场认可，因而在理论和实践层面都有了大量的积累。因此，2008年，项目经理资格管理制度向建造师执业资格制度的过渡，不仅方向正确，而且整体上具有了基础，不能延期，一方面是维护政策的严肃性；另一方面，如果一家企业连一定数目的建造师也不具备，它承接大中型建筑项目的

上海建工集团几家重要下属公司项目经理和建造师情况略表(2006)　表1

下属公司	一级项目经理(人)	一级建造师(人)	二级项目经理(人)	二级建造师(人)
市建一公司	91	130	125	43
市建二公司	44	40	78	23
市建四公司	97	46	124	138
市建五公司	56	42	56	22
市建七公司	79	40	83	16

能力就非常值得怀疑。所以在大局问题上不能有太多弹性。

2.存在的问题

问题一,少量骨干项目经理没有建造师资格。这部分人员约占总数的7%~8%,他们要么是担当重要职务,没有精力和时间考试,要么是当初学历偏低,只有中专。

问题二,缺乏二级建造师。上海有一大批二级企业需要二级建造师,以便在以后承接业务,寻找生路,非常迫切。同时,很多民营企业也迫切需要。

3.稳妥操作,做到平稳过渡

政府政策的着眼点,是企业的长远发展,最终目的在于提高人的生活福祉。项目经理资质管理制度向建造师执业资格制度的过渡,要稳妥操作,在细则上要人性化,有可操作性。

(1)"新人新办法,老人老办法"

建议设定一个年龄节点,节点下的"新人",必须考试取得建造师资格才能任项目经理;节点以上,给予减免部分考试内容或者补充考核;对确实年龄偏大,有突出贡献的老项目经理,采用考核的办法,有些可以规定他们不能担当项目经理,但可以担当顾问,以老带新。当然,对极少数无论如何不能获得执业资格的"老人",可通过企业内部转岗,合理妥善安排。

该规定可以设定一个期限,期限一到,自动失效。

(2)企业短期"绿卡"

对部分优秀的建筑企业,特别是民营企业,在资质上设立一些"绿卡"。民营企业因为特殊的发展环境,在建造师培训和储备方面,与大型的国有企业相比,有一定的差距,短期赶上,有一定的困难。但他们又在建筑市场具有了举足轻重的地位,而且也确实积累了丰富的实践经验。对这些企业,照顾到他们的发展,可以经过评定考核,对确实优秀的,给予行业"绿卡",允许他们有一个过渡期。过渡期结束,与其他企业并轨。

另外,正如上海建工集团提出的,各地方要尽快开展二级建造师培训,这对于广大的中小企业,显得非常紧迫。也为2008年的过渡,打下更广泛的基础。

(3)政府配套措施解决企业后顾之忧

项目经理资格管理制度向建造师执业资格制度的过渡,对每个企业都是一件大事,不但需要企业的精心准备,同时,也需要政府有关部门的大力支持,比如劳动、人事、社保等部门,都应该采取积极的措施,为企业解决后顾之忧,保驾护航。

(4)行业协会积极组织培训教育

建造师执业资格制度的建立,还要充分发挥行业协会的作用,积极宣传该制度的重要意义,为企业人才培训提供各种服务;同时深入企业,了解转型过程中企业面临的一些棘手问题,会同有关专家进行会诊,为企业提供合理化建议,争取更好的政策环境。

第三届中国建造师论坛

项目经理的基本素质要求和我国建造师的相关制度

◆ 孙继德

(同济大学工程管理研究所,上海 200437)

摘 要:建造师是进行工程管理的专业人士,其执业范围非常宽广。由于建设工程项目的复杂性,负责施工的项目经理应当由注册建造师担任,这是担任项目经理的的基本素质要求之一,担任项目经理的其他素质要求还应该包括思想素质、身体素质以及业务能力要求等。具备建造师资格是担任项目经理的必要条件,但不是充分条件。

关键词:建造师;项目经理;基本素质

一、引言

经过多年的筹划和准备,2002 年 12 月 5 日,人事部和建设部联合颁布了《建造师执业资格制度暂行规定》(人发[2002]111 号),由此正式揭开了建设中国建造师执业资格制度的序幕,各项工作开始有条不紊地逐步开展。经过近 5 年的发展和建设,在建设工程领域,建造师执业资格制度已臻完善并几乎家喻户晓了。

2003 年 2 月 27 日颁布的《国务院关于取消第二批行政审批项目和改变一批行政审批项目管理方式的决定》(国发[2003]5 号)规定:"取消建筑施工企业项目经理资质核准,由注册建造师代替,并设立过渡期"。"建筑业企业项目经理资质管理制度向建造师执业资格制度过渡的时间定为五年,即从国发[2003]5 号文印发之日起至 2008 年 2 月 27 日止。"此规定一经颁布,迅速在建筑业领域引起广泛关注,一时间成为行业内的热门话题。如今,离 2008 年 2 月 27 日的过渡期结束已经为期不远了,过渡期后的制度执行问题又成为一个新的话题。

有的人担心,许多考上建造师的人都不能当项目经理,而有些在岗的项目经理也没有考上建造师。由此而担心过渡期结束后建造师制度能否按计划贯彻执行,甚至有的人怀疑建造师考试制度的合理性以及建造师执业资格制度的方向性。针对这些担心和议论,笔者提出一些粗浅的看法,供有兴趣的人士参考。

二、建造师的含义与执业范围

中国建造师制度是借鉴发达国家经验和国际建筑业管理通行做法而建立的。最早设立建造师制度的国家是英国,其专业性的学术组织是英国皇家特许建造学会(CIOB),成立于 1834 年,至今已经有 170 多年的历史,在全世界具有广泛的影响。其他发达国家,如美国、西班牙、澳大利亚和新西兰等,尽管建造师制度建立的时间有先后,但都十分规范化,在其本国和世界范围内都有一定影响。

建造师是一种专业人士的名称,即建造师是进行工程管理的专业人士,谁拥有建造师资格,就表明他是工程管理领域具有一定理论水平和实践经验的专业人士,可以从事工程管理的相关工作。

什么是工程管理呢?对此,国际建造师学会曾组织多个国家的工程管理专家进行研究,经过多年的研究和探讨,形成了对工程管理概念的一致理解:

工程管理（Professional Management in Construction）是指在整个工程项目的全寿命中，在决策阶段进行的开发管理（DM - Development Management），在实施阶段进行的项目管理（PM - Project Management），在使用阶段（或称运营阶段）进行的设施管理（FM - Facility Management，国内一般称为物业管理）的统称，即一个工程项目的前期开发管理（DM）、实施期的项目管理（PM）和使用阶段的设施管理（FM）或物业管理都是属于工程管理，都是工程管理的一部分。工程管理的内涵不仅涉及工程项目全过程的管理，而且涉及参与工程项目的各个单位的管理，即包括投资方、开发方、设计方、施工方、供货方和项目使用期的管理方的管理，如图1所示。

由此可以说，作为专门进行工程管理的专业人士，建造师可以在投资方、开发方、设计方、施工方、供货方进行相关的工程管理工作，可以在上述有关单位中进行项目前期的策划与管理，也可以在项目的实施期进行项目管理，还可以在项目的使用期进行设施管理。当然，在国际上，建造师还可以在政府建设行政主管部门、建设工程管理教育机构、建设行业协会等机构任职。建造师的执业范围非常宽广。

工程管理的核心任务是为工程增值，其增值主要表现在两个方面：

为工程建设增值，包括确保工程建设安全、提高工程质量、有利于投资（成本）控制、进度控制等；

为工程使用（运行）增值，包括确保工程使用安全、有利于环保、节能、降低工程运行成本、有利于工程维护等。

要达到为工程增值的目的，实现为工程增值的效果，必须在工程的全寿命周期内都要实行科学和规范的工程管理，而由专业人士进行工程管理是实现科学管理的前提和基础，即现代科学管理必须实行管理专业化。因此，专业化的工程管理应该由专业人士——建造师执业。

三、项目经理的含义

项目经理是一个工作岗位的名称，是一个具体项目的管理负责人，负责项目实施阶段各项任务的组织、协调、领导、指挥和控制等。项目实施的任务完成了，其项目经理的任期也就结束了，项目经理岗位就不存在了。

由于项目具有一次性和唯一性等特点，所有具备项目特点的一次性任务都可以看作项目，所以会有许多类型和面向许多任务对象的项目经理，比如对一个建设工程项目，前期决策阶段的开发策划与管理工作，决策后实施阶段的项目管理工作，建成后使用阶段的设施管理咨询与服务工作等，都可以任命相应的项目经理来负责。另外，在项目实施阶段有许多参与单位，比如设计单位、施工单位（包括总包单位和众多分包单位）、供货单位等，每个参与单位都应该有自己的项目负责人，他们都是项目经理。

在我国，建设部从1995年开始实行建筑施工企业项目经理资质管理办法，对符合相应条件的管理人员授予项目经理证书，获得项目经理证书的人员可以担任相应项目的项目经理，因此，许多人存在一些误解，认为只有施工单位的项目负责人才是项目经理，项目经理也就是在施工单位担任项目负责人的人。这是对项目经理称谓的误解。

四、项目经理的素质要求

项目经理作为一个项目的管理者和总负责人，其责任重大，管理任务众多，因此，同其他管理者一样，项目经理应该具备一定的基本素质和条件，包括思想素质、业务素质和身体素质等。

项目经理的思想素质应该包括：具有强烈的事业心和责任感，能为建设符合社会和企业需要、安全可靠、质量有保证的建设工程产品而不计个人得失，工作扎实细致，实事求是，遵守规章制度和职业道德规

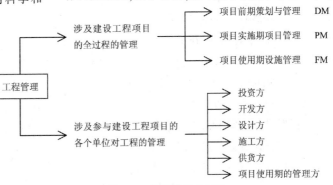

图1 工程管理的内涵[1]

范,具有影响他人的魅力,平等待人,不计个人恩怨等。

项目经理的身体素质:由于项目经理需要负责指挥、协调项目实施的各项工作,经常亲临现场,不仅需要足够的心智,而且需要消耗大量的体力,因此必须具有强健的身体、充沛的精力。

项目经理的业务素质应该包括:业务知识、业务经验和业务能力。业务知识包括一般管理业务知识、专业管理业务知识、技术知识、法规知识等。一般管理业务知识包括管理的基本原理、方法、手段等,其知识范围涉及管理学、统计学、会计学、经济学等方面。专业管理业务知识包括建设工程项目管理、项目策划、项目决策与项目评价、施工过程管理等方面的基本知识。技术知识包括建设工程的力学、材料、结构、施工、机械设备、环境保护等方面的知识,并要了解本行业的科研和技术发展的方向。法规方面的知识包括项目审批、合同法、招投标法、环境保护法、劳动法等方面。项目经理的业务经验应该包括与其负责工程项目和工作范围相关的前期策划与决策管理的经验、项目设计的经验、招投标采购的经验、合同管理的经验、施工的经验等等。项目经理的业务能力应该包括较强的分析、判断和概括能力,决策能力,组织指挥和控制项目的能力,沟通、协调各种关系的能力,知人善任的能力,以及不断探索和创新的能力等。

项目经理的基本素质和条件如图2所示。

如此看来,要做一个成功的项目经理,要求具有较高和较全面的素质,项目经理岗位具有很大的挑战性。那么,如何才能成长为一个成功的项目经理呢?

说起来很简单,根据上述项目经理的基本素质和条件要求,首先必须要经过业务学习阶段,在高校相关专业进行系统的理论学习,学习相关技术、经济、法规与管理知识;然后进入相关企业承担相关业务工作,进行锻炼,在工程项目的第一线扎扎实实地工作若干年,积累相关工作经验,提高相关业务能力。与其同时,思想素质和身体素质的培养也应同时进行,即不论在学校还是在企业的工作岗位上,都应该不断进行教育和培养,与业务素质同步提高。

上述两个环节,一个是专业知识的学习,一个是实践锻炼和培养,二者缺一不可,否则就很难成为一个成功的项目经理。当然,具备上述两个环节的人也不一定能保证成为成功的项目经理,这在很大程度上还要看个人的努力程度、个人在组织协调和管理方面的天赋以及环境条件等。

上述两个环节,说起来很简单,做起来其实也不容易。纵观我国建设工程施工项目管理的现状,仍有不少项目经理不具备上述素质和条件,有的有经验无学历,有的有学历而经验不足,还有的什么都没有,纯粹就是小老板、包工头,承包到施工项目后完全由所谓的手下人组织管理,项目经理本身没有能力、知识和经验去管理,只挂项目经理虚名,根本不到现场,更谈不上组织、管理和控制项目,这是导致我国建设工程质量和安全事故频发、项目管理水平低下、项目目标失控的重要原因之一。这些情况,尽管不是主流,但仍有相当数量的存在,如何改变这种情况是值得我们研究解决的重要问题。

五、项目经理与建造师的关系

如何选拔项目经理呢?如何确保所选择的项目经理能达到上述素质要求和条件呢?实行建造师制度就是要从根本上扭转项目经理知识和能力缺位的局面,改变某些项目经理有证书没能力或没有理论知识的现状,是重要而有效的管理措施。

根据建设部有关规定,自2008年2月28日开始,大、中型工程项目施工的项目经理必须由取得建造师注册证书的人员担任;但取得建造师注册证书的人员是否

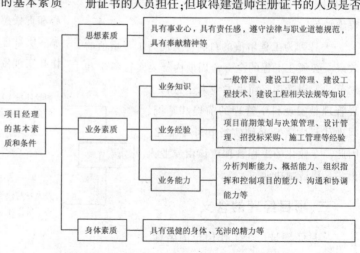

图2 项目经理应具有的基本素质和条件

担任工程项目施工的项目经理,由企业自主决定(建设部《关于建筑业企业项目经理资质管理制度向建造师执业资格制度过渡有关问题的通知》,建市[2003]86号)。

根据这一规定,今后要担任项目经理,首先必须通过考试取得建造师资格证书,而报考建造师的前提条件必须是经过相应高等教育,又具有一定的经验(即报考时的工作年限,尽管要求不高,但却非常必要)。这些报考条件和要求,有助于保证建造师的基本素质和条件。但是,通过建造师考试并取得建造师执业资格证书的人是否就有能力担任项目经理呢?笔者认为,仅仅通过考试还是很难证明的。原因是,在建造师考试报名时,各地和各报名点对学历和专业的把握标准和严格程度不同,对工作年限的把关也不严格,而且是否具有若干年工程管理经验也是无法严格把关和控制的,所以,通过了资格考试,表明其具有一定的基本理论知识,但业务经验是否足够则不一定可靠。其次,业务能力也不是通过考试就能考核和证明的,这是在长期的工作实践中积累起来,并且只有在工作中才能得到检验和证明的。业务知识可以通过考试来检验,业务经验也可以在一定程度上通过考试检验,而业务能力则基本上无法通过考试检验。所以,认为考上了建造师就可以担当项目经理的想法是不对的,取得建造师资格是担当项目经理的一个必要的前提条件,而不是充分条件。国际上,加入英国皇家特许建造师(CIOB)都要经过面试关,经过面试可以判断其是否具有实际工程管理经验,然而其工作能力也是无法检验的。所以,古今中外,能力的检验只能靠实践。

由此可见,取得建造师执业资格是担当项目经理的前提,项目经理应当由具备建造师资格而且经验丰富、能力突出的专业人士担任。

值得说明的是,业主方的项目经理也应该具备建造师资格,而根据人事部和建设部联合颁布的《建造师执业资格制度暂行规定》(人发[2002]111号),国家对建设工程项目总承包和施工管理关键岗位的专业技术人员实行执业资格制度,纳入全国专业技术人员执业资格制度统一规划,这是根据当前的形势而定的,目的是为了加强建设工程项目管理,提高工程项目总承包及施工管理专业技术人员素质,规范施工管理行为,保证工程质量和施工安全。但这不意味着在业主方、设计方和供货方就不必由专业人士担任项目经理。实际上,对业主方项目经理的素质要求更高,这是由业主方项目管理工作的性质和范围所决定的。

六、小结

建造师是进行工程管理的专业人士。建造师的执业范围很宽广,可以在投资方、开发方、设计方、施工方、供货方进行相关的工程管理工作,也可以在政府建设行政主管部门、建设工程管理教育机构、建设行业协会等机构开展相关管理工作。

我国实行建造师执业资格制度后,建造师不等于项目经理,项目经理也不一定就是建造师。

建造师不一定是项目经理。注册建造师或取得建造师资格证书的人表明其知识达到了考核要求,并可能具备了一定的经验,但是否有能力担任项目经理还要在很大程度上看其业务能力,即组织能力、协调能力、判断能力、沟通能力等。选择具备建造师注册证书的人担任施工方项目经理是国家的制度和要求,但如果选择仅仅具有建造师注册证书而经验不足、能力不强的人担任项目经理,承包企业将面临较大风险,项目也面临很大风险。

项目经理不一定是建造师。按照规定,在大中型项目中,施工方的项目经理必须由注册建造师担任,但是业主方、设计方、供货方等的项目经理(项目负责人)则没有相关的资格规定。为了加强建设工程项目管理,保证建设工程质量和安全等,也应逐步对这些参与方的项目经理的资格提出相应要求。

参考文献:

[1]丁士昭.工程项目管理[M].北京:中国建筑工业出版社,2006.

[2]《建造师执业资格制度暂行规定》(人发[2002]111号),2002.

[3]《关于建筑业企业项目经理资质管理制度向建造师执业资格制度过渡有关问题的通知》,建市[2003]86号,2003.

[4]《国务院关于取消第二批行政审批项目和改变一批行政审批项目管理方式的决定》(国发[2003]5号).

[5]周三多等.管理学——原理与方法[M].上海:复旦大学出版社第四版,2007,1.

《注册建造师职业道德行为准则》的几点思考

王雪青，杨秋波

(天津大学管理学院，天津 300072)

摘要 建造师执业资格的可持续发展不仅需要科学、有效、规范且符合中国国情的制度体系,更需要建立一套完善的自律管理机制,而《注册建造师职业道德行为准则》是其中的重要内容。建造师的职业道德是与其职业活动紧密联系的、符合行业特点所要求的道德准则、规范的总和。本文深入分析了英国皇家特许建造师学会、项目管理协会(美国)等关于职业道德行为准则的规定,并对比我国类似执业资格职业道德行为准则的实施现状,提出了《注册建造师职业道德行为准则》制定与推广的建议。

关键词 建造师；职业道德；行为准则

2002年,《建造师执业资格制度暂行规定》(人发[2002]111号)的出台标志着我国建造师执业资格制度正式建立,目前已基本建立了一套科学、有效、规范且符合中国国情的建造师执业资格制度体系。建造师执业资格的可持续发展,一则要依靠规章制度的健全,并在实践中不断完善,属于监管层面;二则要依靠建造师从业者具有较高的职业水平,特别是职业道德水平,属于自律层面。二者互为补充、相互促进。

日前,《注册建造师管理规定》(中华人民共和国建设部令第153号)、《一级建造师注册实施办法》、《注册建造师执业管理办法》(征求意见稿)、《注册建造师信用档案管理办法》(征求意见稿)等制度的出台,使其制度体系更加健全。但尚未有专门的《注册建造师职业道德行为准则》,不利于我国注册建造师职业道德水平的快速提升。尽管《注册建造师信用档案管理办法》中包含有"注册建造师不良行为记录认定标准",但是仅从约束层面进行了规定,内容并不全面。

一、注册建造师职业道德行为准则的界定及其意义

建造师是以专业技术为依托、以工程项目管理为主业的执业注册人员,是懂管理、懂技术、懂经济、懂法规,综合素质较高的复合型人员。建造师注册受聘后,可以建造师的名义担任建设工程项目施工的项目经理及其他施工活动的管理;从事法律、行政法规或国务院建设行政主管部门规定的其他业务。

建造师职业是职责、权力和利益的统一体。建造师职业的职责是必须承担一定的社会任务,为社会做出应有的贡献;建造师职业的职业权力是从事建造师工作的人拥有的特定权力;建造师职业的职业利益是建

中国学位与研究生教育学会"十一五"重大课题:工程硕士专业学位教育与专业技术资格认证适配策略与实践探索,课题编号:06A0300b

造师从工程管理工作中取得工资、奖金、荣誉等利益。

建造师的职业道德是与其职业活动紧密联系的、符合行业特点所要求的道德准则、规范的总和[1]。建造师职业道德不仅是建造师在职业活动中的行为标准和要求,更体现了注册建造师的社会责任与职业追求,是建设行业对社会所承担的道德责任和义务。

二、国外类似执业资格职业道德行为准则的实施现状

发达国家对注册建造师、注册咨询工程师、项目管理专业人员等人员的职业行为制定了道德规范和准则,一般通过相关行业协会开展行业自律工作,起到了很好的效果。

1.英国皇家特许建造师学会的职业道德标准

英国皇家特许建造师学会(Chartered Institute of Building,CIOB)成立于1834年,是一个主要由从事建筑管理的专业人员组织起来的社会团体,是一个涉及到建设全过程管理的专业学会,在国际上具有较高声望。1993年,CIOB理事会在《皇家特许令和附则》的授权下制定了《会员专业能力与行为的准则和规范》(Rules and Regulations of Professional Competence and Conduct)[2]。该文件由准则和规范两部分组成,准则部分界定了建造师的一般行为标准及职业和道德追求;规范部分则对英文头衔缩写、会员级别描述的使用、徽标、咨询服务、广告等四方面内容进行了详细的界定。准则部分内容共16条,内容主要有:

(1)会员应该在履行其承诺的专业职责和义务的同时,尊重公众利益;

(2)会员应该证明自身的能力水平与其会员级别保持一致;

(3)会员应该时刻保证其行为的诚实,以此来维护和提升学会的威望、地位和声誉;

(4)在国外工作的会员,也应该遵守本《准则和规范》以及其他适用的准则和规范;

(5)会员应该完全忠诚和正直地履行义务,特别是在保密、不损害雇主利益、公平、公正、守法、拒绝贿赂等方面;

(6)如果会员知道自身缺乏足够的专业或技术能力、或者缺乏足够的资源来完成某项工作,那么会员不得承担;

(7)如果会员没有能力承担全部或者部分的某项咨询服务,应该拒绝提供建议,或者获取适当的符合要求的协助;

(8)英文头衔缩写及其适当的描述应符合《皇家特许令和附则》的规定;

(9)只有资深会员和正式会员才被允许在提供咨询等相关服务时,使用理事会批准的徽标;

(10)提供咨询服务的会员应该获取专业的补偿保险,负担支付提供咨询服务时所要求承担的全责;

(11)从事其他建筑相关业务的会员应该购买适当的保险,并以此保证业主能够抵御由于工作所引起的关于工人、第三方及邻近物业的风险;

(12)会员不能蓄意或者由于粗心(无论是直接还是间接)而损害或者试图损害他人的专业名誉、前途或者业务;

(13)会员应该不断补充与自己的职责类型和级别相符的最新思想和发展信息;

(14)会员应该严格按照《专业行为规范》的规定对提供的服务登广告;

(15)会员应该随时全面了解并遵守国家关于健康、安全以及福利方面的法律法规,因为这将影响建设过程中的每一个环节,从设计、施工、维护到拆除。会员也有责任确保同事以及建设过程的其他参与人员知道并理解这些法律法规所规定的各自的职责;

(16)会员不应该有性别、种族、性取向、婚姻状况、宗教、国籍、残疾以及年龄方面的歧视,并且应努力消除他人的上述歧视,以促成平等;

CIOB将职业道德标准列入会员的知识体系,并在会员面试过程中进行考察。

2.英国皇家特许测量师学会的行为准则

英国皇家特许测量师学会(Royal Institution of Chartered Surveyors,RICS)是国际性的专业学会,其专业领域涵盖了土地、物业、建造、项目管理及环境等16个不同的行业。RICS拥有一个自我管理的准则,去维持和促进行业维护公众的利益,包括大量未成文的伦理道德准则和一个成文的强制性准则,并颁布成为行为准则(Rules of Conduct)。行为准则提

供了一个会员与他们的客户、雇主关系的结构,并包括了广泛的旨在维护公众利益的义务。该准则共有9条,内容包括:

(1) 会员应以一种适合特许测量师的方式处事。如会员应正直不阿、诚恳可靠、透明公开、承担责任、贵乎自知、客观持平、尊重他人、树立榜样、敢言道正等;

(2) 会员应该遵守行为准则,用以规范他们从事职业的方式。如会员应以公开、透明、对客户有责任心,不能以误导公众的方式从事他的生意,对客户的资料要保密,应迅速回复客户的问题等;

(3) 每个会员应该遵守准则关于避免利益冲突的要求（Conflicts of Interest）,如果发生这种利益冲突时,能及时处理;

(4) 每个会员应该根据准则,向学会提供关于他的实践、雇佣和生意的详情,这是学会管理以及学会对会员的专业行为和纪律管理的需要;

(5) 为了维持测量师最高专业水平的利益,遵守由学会制订和颁布的所有执业说明,是每个会员的责任;

(6) 每个会员应该根据准则进行投保,以防备因违反一个测量师的专业责任而招致的索赔。

(7) 关于客户资金和帐户的有关规定;

(8) 会员应该每年进行继续教育,而且一旦学会要求,应该向学会提供证明;

(9) 关于会员的财务和企业的有关规定。

RICS 也在其面试的过程中考察有关职业道德和行为准则的问题[3]。

3.咨询工程师联合会的职业道德标准

国际咨询工程师联合会(FIDIC)所编制的合同文件中要求咨询工程师具有正直、公平、诚信、服务等的工作态度和敬业精神,充分体现了FIDIC对咨询工程师要求的精髓,主要内容如下:

(1)对社会和职业的责任:1)承担对社会的职业责任;2)寻求与确认的发展原则相适应的解决办法;3)在任何时候,维护职业的尊严、名誉和荣誉。

(2)能力:1)保持其知识和技能与技术、法规、管理的发展相一致的水平,对于委托人要求的服务采用相应的技能,并尽心尽力;2)仅在有能力从事服务时方才进行。

(3)正直性:在任何时候均为委托人的合法权益行使其职责,并且正直和忠诚地进行职业服务。

(4)公正性:1)在提供职业咨询、评审或决策时不偏不倚;2)通知委托人在行使其委托权时可能引起的任何潜在的利益冲突;3)不接受可能导致判断不公的报酬。

(5)对他人的公正:1)加强按照能力进行选择的观念;2) 不得故意或无意地做出损害他人名誉或事务的事情;3) 不得直接或间接取代某一特定工作中已经任命的其他咨询工程师的位置;4) 通知该咨询工程师并且接到委托人终止其先前任命的建议前不得取代该咨询工程师的工作;5) 在被要求对其他咨询工程师的工作进行审查的情况下, 要以适当的职业行为和礼节进行。

美国土木工程学会规定了咨询工程师的道德准则,其核心内容强调了"正直、公平、诚信、服务",日本咨询工程师协会制定了咨询工程师《职业行为规范》,其基本原则是坚持咨询工作的科学性、公正性、中立性、服务性[4]。

4.PMI的《项目管理专业人员行为守则》

PMI（Project Management Institute,项目管理协会）是世界上服务于项目管理职业的最大职业协会。PMI 的专业人员分布在各个主要行业,包括航空、汽车、商业管理、建筑、工程、金融服务、信息技术、制药、医疗和电信。PMI 制定了《项目管理专业人员行为守则》(Project Management Professinal Code Of Professional Conduct),内容包括两大部分,即对职业的责任和对客户、公众的责任。对职业的责任包括:

(1)遵守所有组织规则和政策,如提供准确和真实陈述的责任、与PMI合作处理违反职业道德和收集有关信息的责任等;

(2)候选人/证书持有人的职业惯例,如提供有关服务资格、经验和表现的准确和真实通知和陈述的责任等;

(3)职业的提高,如承认和尊重别人获得或拥有的知识产权或者准确、诚实和全面地办事的责任等。

对客户和公众的责任包括:

(1)专业服务的资格、经验和表现,如向公众提供准确和真实陈述的责任等;

(2)利益冲突情况和其他被禁止的职业行为,如确保利益冲突不损害顾客或客户合法利益或影响/妨碍职业判断的责任等[5]。

三、国内类似执业资格职业道德行为准则的实施现状

由于我国建设行业执业资格制度总体起步较晚,相比于发达国家,仍有较大的差距。2002年,中国建设工程造价管理协会出台了《工程造价咨询单位执业行为准则》和《造价工程师职业道德行为准则》,从单位和个人两方面对行为准则进行了规定。同年,中国对外承包工程商会也出台了《中国对外承包工程和劳务合作行业规范》,从行业的层面进行规范。2005年,为规范注册环境影响评价工程师的行为,国家环境保护总局制定了《建设项目环境影响评价行为准则与廉政规定》,一定程度上起到了职业道德行为准则的作用。

中国建设监理协会制定了《监理工程师职业道德准则》,中国设备监理协会也研究制定了《设备监理工程师的职业道德准则》,针对房地产估价师等执业资格有关部门也在不同文件中制定了相应道德准则。各个地方也有着不同的尝试,1998年河北省建设监理协会出台《河北省建设监理行业行为准则》;2002年上海市房地产估价师协会出台《上海市房地产评估行业执业自律准则》;2007年北京市建设工程造价管理协会召集276家工程造价咨询企业负责人共同签定了"北京市工程造价咨询行业自律公约",倡议在全市工程造价咨询企业开展"守法、诚信"的经营理念,提倡"科学公正、优质服务、廉洁自律"的职业准则,守法经营,诚信敬业,树立良好的社会形象,共同维护行业自律公约,强化自我约束机制,积极推进北京市工程造价咨询行业的职业道德建设。

1. 造价工程师职业道德行为准则

为了规范造价工程师的职业道德行为,提高行业声誉,造价工程师在执业中应信守以下职业道德行为准则:

(1)遵守国家法律、法规和政策,执行行业自律性规定,珍惜职业声誉,自觉维护国家和社会公共利益;

(2)遵守"诚信、公正、精业、进取"的原则,以高质量的服务和优秀的业绩,赢得社会和客户对造价工程师职业的尊重;

(3)勤奋工作,独立、客观、公正、正确地出具工程造价成果文件,使客户满意;

(4)诚实守信,尽职尽责,不得有欺诈、伪造、作假等行为;

(5)尊重同行,公平竞争,搞好同行之间的关系,不得采取不正当的手段损害、侵犯同行的权益;

(6)廉洁自律,不得索取、收受委托合同约定以外的礼金和其他财物,不得利用职务之便谋取其他不正当的利益;

(7)造价工程师与委托方有利害关系的应当回避,委托方有权要求其回避;

(8)知悉客户的技术和商务秘密,负有保密义务;

(9)接受国家和行业自律性组织对其职业道德行为的监督检查。

2. 监理工程师职业道德准则

监理工程师在施工监理过程中,应本着"严格监理、热情服务、秉公办事、一丝不苟、廉洁自律"的精神并遵守以下职业准则:

(1)公正、公平、信誉第一,为业主服务,在法律规定的范围内维护业主和承包人的利益,尽职、勤恳、兢兢业业地组织监理工作;

(2)不在同一项目中既做监理又做承包人的商业咨询,不接受承包人的任何回扣、提成或其它间接报酬;

(3)不泄露业主的秘密,忠实履行职责,对业主负责;

(4)当其认为正确的判断和建议被业主否决时,应向业主说明可能产生的后果;

(5)当认为业主的意见或判断不可能成功时,应向业主提出劝告;

(6)当证明监理的判断是错误时,要及时更正错误;

(7)当监理工作涉及到业主和承包人双方合法权益时,应按照合同规定,在授权范围内实事求是地进行处理。

3. 设备监理师的职业道德准则

设备监理师的职业道德准则是在FIDIC职业道

德准则的基础之上制定而成,内容如下:

(1)对社会和职业的责任:包括接受设备监理业的社会责任、有义务为设备监理业可持续发展寻求解决办法、始终维护职业的尊严、地位和荣誉。

(2)能力:应保持与技术、法规和管理水平相应的学识和技能,有责任为项目业主提供精心勤勉的设备监理服务,并充分发挥应有的技能;只承担能够胜任的服务。

(3)正直:应始终为项目业主的合法利益而正直、精心地工作。

(4)公正:应公正地提供设备监理服务;把在为项目业主服务中可能产生的一切潜在的利益冲突,都要告诉项目业主和/或所聘用的监理单位。

(5)公平地对待其它设备监理工程师;不得故意或无意损害其他设备监理工程师的名誉和利益;当被要求对其他设备监理工程师的工作进行评价时,要做到礼貌并以适当的行为行事。

(6)廉洁自律:不接受任何不适当的报酬,不接受任何有碍独立判断的酬谢。

(7)对于合法调查团体调查任何服务合同或建设合同的管理时,设备监理工程师要充分予以合作。

四、《注册建造师职业道德行为准则》的框架设计

与咨询工程师相比,我国建造师一般担任项目经理或其他工作,工作性质、职业责任、遴选途径、职业风险等均有较大的不同。CIOB、RICS、PMI等均从学会的角度对会员的行为做出了规定,我国目前仅有造价工程师、监理工程师、设备监理师等咨询工程师类的职业道德准则。通过对比国内外类似执业资格职业道德行为准则的实施现状,考虑到我国建造师的实际情况,我国《注册建造师职业道德行为准则》应包括以下几个方面的内容:

(1)关于建造师的社会责任。描述建造师的职业道德追求,如可持续发展的理念等,特别是目前建设行业中健康、安全、环保越来越得到重视,建造师在执业过程中必须充分考虑自身的社会责任,以树立良好的社会形象。

(2)关于建造师应遵守法律及有关行为准则的规定。

(3)关于建造师职业能力的规定。应强调关于建造师继续教育和终身学习的明确要求。目前,建设行业出现建筑技术的复杂程度增加、对建筑节能和绿色建筑要求增高、大型建设项目增多等趋势,对于主要从事工程项目管理工作的建造师也提出了更高的要求,必须熟悉和掌握技术和管理方面的最新进展。

(4)建造师应积极谋求避免利益冲突情况,以实现"多赢",成就和谐建设行业。

(5)关于建造师应树立风险意识的有关规定。

(6)关于建造师职业责任保险的规定。

(7)关于建造师信用档案信息的有关规定等。

行业协会是沟通政府部门与企业、从业人员的纽带,也是开展行业自律工作的主力军。为推动《注册建造师职业道德行为准则》的制定及推广,应成立中国注册建造师协会,推动行业自律工作的开展。在建造师的管理过程中,政府应处于监管的地位,行业自律工作应由相应的行业协会来承担。行业协会的缺位势必会影响建造师各项工作的开展。应组织专门的工作委员会,研究制定《注册建造师职业道德行为准则》,并将其列入注册建造师的知识体系,作为继续教育的内容之一。

参考文献:

[1]赵新力,璐羽,王锂.论咨询业者的职业道德和行为准则.中国信息导报,2004(2).

[2]CIOB. The CIOB and Ethics. http://www.ciob.org.uk/filegrab/CIOBEthics181006.doc?ref=81.2007.

[3]RICS. Royal Institution of Chartered Surveyors Guidance to Rules of Conduct. www.rics.org.uk/about us/public zone.2007.

[4]杨俊杰.略论建设监理与国际接轨.智能建筑与城市信息,2003(2).

[5]PMI.Project Management Institute PMP Code of Professional Conduct. http://www.pmi.org/info/PDC_PMP.asp.2007.

建设部日前发出"关于印发《绿色施工导则》的通知(建质[2007]223号)",现刊发,供建造师工作中贯彻执行。

绿色施工导则

1 总则

1.1 我国尚处于经济快速发展阶段,作为大量消耗资源、影响环境的建筑业,应全面实施绿色施工,承担起可持续发展的社会责任。

1.2 本导则用于指导建筑工程的绿色施工,并可供其他建设工程的绿色施工参考。

1.3 绿色施工是指工程建设中,在保证质量、安全等基本要求的前提下,通过科学管理和技术进步,最大限度地节约资源与减少对环境负面影响的施工活动,实现四节一环保(节能、节地、节水、节材和环境保护)。

1.4 绿色施工应符合国家的法律、法规及相关的标准规范,实现经济效益、社会效益和环境效益的统一。

1.5 实施绿色施工,应依据因地制宜的原则,贯彻执行国家、行业和地方相关的技术经济政策。

1.6 运用ISO14000和ISO18000管理体系,将绿色施工有关内容分解到管理体系目标中去,使绿色施工规范化、标准化。

1.7 鼓励各地区开展绿色施工的政策与技术研究,发展绿色施工的新技术、新设备、新材料与新工艺,推行应用示范工程。

2 绿色施工原则

2.1 绿色施工是建筑全寿命周期中的一个重要阶段。实施绿色施工,应进行总体方案优化。在规划、设计阶段,应充分考虑绿色施工的总体要求,为绿色施工提供基础条件。

2.2 实施绿色施工,应对施工策划、材料采购、现场施工、工程验收等各阶段进行控制,加强对整个施工过程的管理和监督。

3 绿色施工总体框架

绿色施工总体框架由施工管理、环境保护、节材与材料资源利用、节水与水资源利用、节能与能源利用、节地与施工用地保护六个方面组成(图1)。这六个方面涵盖了绿色施工的基本指标,同时包含了施工策划、材料采购、现场施工、工程验收等各阶段的指标的子集。

4 绿色施工要点

4.1 绿色施工管理主要包括组织管理、规划管理、实施管理、评价管理和人员安全与健康管理五个方面。

4.1.1 组织管理

(1)建立绿色施工管理体系,并制定相应的管理制度与目标。

(2)项目经理为绿色施工第一责任人,负责绿色施工的组织实施及目标实现,并指定绿色施工管理人员和监督人员。

4.1.2 规划管理

(1)编制绿色施工方案。该方案应在施工组织设计中独立成章,并按有关规定进行审批。

(2)绿色施工方案应包括以下内容:

1)环境保护措施,制定环境管理计划及应急救援预案,采取有效措施,降低环境负荷,保护地下设施和文物等资源。

2)节材措施,在保证工程安全与质量的前提下,制定节材措施。如进行施工方案的节材优化,建筑垃

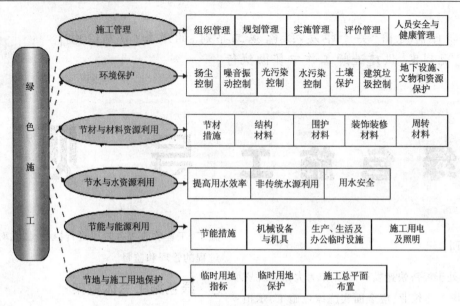

图1 绿色施工总体框架

垃减量化,尽量利用可循环材料等。

3) 节水措施,根据工程所在地的水资源状况,制定节水措施。

4) 节能措施,进行施工节能策划,确定目标,制定节能措施。

5) 节地与施工用地保护措施,制定临时用地指标、施工总平面布置规划及临时用地节地措施等。

4.1.3 实施管理

(1) 绿色施工应对整个施工过程实施动态管理,加强对施工策划、施工准备、材料采购、现场施工、工程验收等各阶段的管理和监督。

(2) 应结合工程项目的特点,有针对性地对绿色施工作相应的宣传,通过宣传营造绿色施工的氛围。

(3) 定期对职工进行绿色施工知识培训,增强职工绿色施工意识。

4.1.4 评价管理

(1) 对照本导则的指标体系,结合工程特点,对绿色施工的效果及采用的新技术、新设备、新材料与新工艺,进行自评估。

(2) 成立专家评估小组,对绿色施工方案、实施过程至项目竣工,进行综合评估。

4.1.5 人员安全与健康管理

(1) 制订施工防尘、防毒、防辐射等职业危害的措施,保障施工人员的长期职业健康。

(2) 合理布置施工场地,保护生活及办公区不受施工活动的有害影响。施工现场建立卫生急救、保健防疫制度,在安全事故和疾病疫情出现时提供及时救助。

(3) 提供卫生、健康的工作与生活环境,加强对施工人员的住宿、膳食、饮用水等生活与环境卫生等管理,明显改善施工人员的生活条件。

4.2 环境保护技术要点

4.2.1 扬尘控制

(1) 运送土方、垃圾、设备及建筑材料等,不污损场外道路。运输容易散落、飞扬、流漏的物料的车辆,必须采取措施封闭严密,保证车辆清洁。施工现场出口应设置洗车槽。

(2) 土方作业阶段,采取洒水、覆盖等措施,达到作业区目测扬尘高度小于1.5m,不扩散到场区外。

(3) 结构施工、安装装饰装修阶段,作业区目测扬尘高度小于0.5m。对易产生扬尘的堆放材料应采取覆盖措施;对粉末状材料应封闭存放;场区内可能引起扬尘的材料及建筑垃圾搬运应有降尘措施,如覆盖、洒水等;浇筑混凝土前清理灰尘和垃圾时尽量使用吸尘器,避免使用吹风器等易产生扬尘的设备;机械剔凿作业时可用局部遮挡、掩盖、水淋等防护措施;高层或多层建筑清理垃圾应搭设封闭性临时专用道或采用容器吊运。

(4)施工现场非作业区达到目测无扬尘的要求。对现场易飞扬物质采取有效措施，如洒水、地面硬化、围档、密网覆盖、封闭等，防止扬尘产生。

(5)构筑物机械拆除前，做好扬尘控制计划。可采取清理积尘、拆除体洒水、设置隔档等措施。

(6)构筑物爆破拆除前，做好扬尘控制计划。可采用清理积尘、淋湿地面、预湿墙体、屋面敷水袋、楼面蓄水、建筑外设高压喷雾状水系统、搭设防尘排栅和直升机投水弹等综合降尘。选择风力小的天气进行爆破作业。

(7) 在场界四周隔档高度位置测得的大气总悬浮颗粒物(TSP)月平均浓度与城市背景值的差值不大于 $0.08mg/m^3$。

4.2.2 噪音与振动控制

(1)现场噪音排放不得超过国家标准《建筑施工场界噪声限值》(GB12523-90)的规定。

(2)在施工场界对噪音进行实时监测与控制。监测方法执行国家标准《建筑施工场界噪声测量方法》(GB12524-90)。

(3)使用低噪音、低振动的机具，采取隔音与隔振措施，避免或减少施工噪音和振动。

4.2.3 光污染控制

(1)尽量避免或减少施工过程中的光污染。夜间室外照明灯加设灯罩，透光方向集中在施工范围。

(2)电焊作业采取遮挡措施，避免电焊弧光外泄。

4.2.4 水污染控制

(1)施工现场污水排放应达到国家标准《污水综合排放标准》(GB8978-1996)的要求。

(2)在施工现场应针对不同的污水，设置相应的处理设施，如沉淀池、隔油池、化粪池等。

(3) 污水排放应委托有资质的单位进行废水水质检测，提供相应的污水检测报告。

(4)保护地下水环境。采用隔水性能好的边坡支护技术。在缺水地区或地下水位持续下降的地区，基坑降水尽可能少地抽取地下水；当基坑开挖抽水量大于50万 m^3 时，应进行地下水回灌，并避免地下水被污染。

(5)对于化学品等有毒材料、油料的储存地，应有严格的隔水层设计，做好渗漏液收集和处理。

4.2.5 土壤保护

(1)保护地表环境，防止土壤侵蚀、流失。因施工造成的裸土，及时覆盖砂石或种植速生草种，以减少土壤侵蚀；因施工造成容易发生地表径流土壤流失的情况，应采取设置地表排水系统、稳定斜坡、植被覆盖等措施，减少土壤流失。

(2)沉淀池、隔油池、化粪池等不发生堵塞、渗漏、溢出等现象。及时清掏各池内沉淀物，并委托有资质的单位清运。

(3)对于有毒有害废弃物如电池、墨盒、油漆、涂料等应回收后交有资质的单位处理，不能作为建筑垃圾外运，避免污染土壤和地下水。

(4)施工后应恢复施工活动破坏的植被(一般指临时占地内)。与当地园林、环保部门或当地植物研究机构进行合作，在先前开发地区种植当地或其他合适的植物，以恢复剩余空地地貌或科学绿化，补救施工活动中人为破坏植被和地貌造成的土壤侵蚀。

4.2.6 建筑垃圾控制

(1)制定建筑垃圾减量化计划，如住宅建筑，每万平方米的建筑垃圾不宜超过400t。

(2)加强建筑垃圾的回收再利用，力争建筑垃圾的再利用和回收率达到30%，建筑物拆除产生的废弃物的再利用和回收率大于40%。对于碎石类、土石方类建筑垃圾，可采用地基填埋、铺路等方式提高再利用率，力争再利用率大于50%。

(3)施工现场生活区设置封闭式垃圾容器，施工场地生活垃圾实行袋装化，及时清运。对建筑垃圾进行分类，并收集到现场封闭式垃圾站，集中运出。

4.2.7 地下设施、文物和资源保护

(1)施工前应调查清楚地下各种设施，做好保护计划，保证施工场地周边的各类管道、管线、建筑物、构筑物的安全运行。

(2)施工过程中一旦发现文物，立即停止施工，保护现场并通报文物部门并协助做好工作。

(3)避让、保护施工场区及周边的古树名木。

(4)逐步开展统计分析施工项目的 CO_2 排放量，以及各种不同植被和树种的 CO_2 固定量的工作。

4.3 节材与材料资源利用技术要点

4.3.1 节材措施

(1)图纸会审时，应审核节材与材料资源利用的相关内容，达到材料损耗率比定额损耗率降低30%。

(2)根据施工进度、库存情况等合理安排材料的采购、进场时间和批次,减少库存。

(3)现场材料堆放有序。储存环境适宜,措施得当。保管制度健全,责任落实。

(4)材料运输工具适宜,装卸方法得当,防止损坏和遗洒。根据现场平面布置情况就近卸载,避免和减少二次搬运。

(5)采取技术和管理措施提高模板、脚手架等的周转次数。

(6)优化安装工程的预留、预埋、管线路径等方案。

(7)应就地取材,施工现场500公里以内生产的建筑材料用量占建筑材料总重量的70%以上。

4.3.2 结构材料

(1)推广使用预拌混凝土和商品砂浆。准确计算采购数量、供应频率、施工速度等,在施工过程中动态控制。结构工程使用散装水泥。

(2)推广使用高强钢筋和高性能混凝土,减少资源消耗。

(3)推广钢筋专业化加工和配送。

(4)优化钢筋配料和钢构件下料方案。钢筋及钢结构制作前应对下料单及样品进行复核,无误后方可批量下料。

(5)优化钢结构制作和安装方法。大型钢结构宜采用工厂制作,现场拼装;宜采用分段吊装、整体提升、滑移、顶升等安装方法,减少方案的措施用材量。

(6)采取数字化技术,对大体积混凝土、大跨度结构等专项施工方案进行优化。

4.3.3 围护材料

(1)门窗、屋面、外墙等围护结构选用耐候性及耐久性良好的材料,施工确保密封性、防水性和保温隔热性。

(2)门窗采用密封性、保温隔热性能、隔音性能良好的型材和玻璃等材料。

(3)屋面材料、外墙材料具有良好的防水性能和保温隔热性能。

(4)当屋面或墙体等部位采用基层加设保温隔热系统的方式施工时,应选择高效节能、耐久性好的保温隔热材料,以减小保温隔热层的厚度及材料用量。

(5)屋面或墙体等部位的保温隔热系统采用专用的配套材料,以加强各层次之间的粘结或连接强度,确保系统的安全性和耐久性。

(6)根据建筑物的实际特点,优选屋面或外墙的保温隔热材料系统和施工方式,例如保温板粘贴、保温板干挂、聚氨酯硬泡喷涂、保温浆料涂抹等,以保证保温隔热效果,并减少材料浪费。

(7)加强保温隔热系统与围护结构的节点处理,尽量降低热桥效应。针对建筑物的不同部位保温隔热特点,选用不同的保温隔热材料及系统,以做到经济适用。

4.3.4 装饰装修材料

(1)贴面类材料在施工前,应进行总体排版策划,减少非整块材的数量。

(2)采用非木质的新材料或人造板材代替木质板材。

(3)防水卷材、壁纸、油漆及各类涂料基层必须符合要求,避免起皮、脱落。各类油漆及胶粘剂应随用随开启,不用时及时封闭。

(4)幕墙及各类预留预埋应与结构施工同步。

(5)木制品及木装饰用料、玻璃等各类板材等宜在工厂采购或定制。

(6)采用自粘类片材,减少现场液态胶粘剂的使用量。

4.3.5 周转材料

(1)应选用耐用、维护与拆卸方便的周转材料和机具。

(2)优先选用制作、安装、拆除一体化的专业队伍进行模板工程施工。

(3)模板应以节约自然资源为原则,推广使用定型钢模、钢框竹模、竹胶板。

(4)施工前应对模板工程的方案进行优化。多层、高层建筑使用可重复利用的模板体系,模板支撑宜采用工具式支撑。

(5)优化高层建筑的外脚手架方案,采用整体提升、分段悬挑等方案。

(6)推广采用外墙保温板替代混凝土施工模板的技术。

(7)现场办公和生活用房采用周转式活动房。现场围挡应最大限度地利用已有围墙,或采用装配式可重复使用围挡封闭。力争工地临房、临时围挡材料的可重复使用率达到70%。

4.4 节水与水资源利用的技术要点

4.4.1 提高用水效率

（1）施工中采用先进的节水施工工艺。

（2）施工现场喷洒路面、绿化浇灌不宜使用市政自来水。现场搅拌用水、养护用水应采取有效的节水措施，严禁无措施浇水养护混凝土。

（3）施工现场供水管网应根据用水量设计布置，管径合理、管路简捷，采取有效措施减少管网和用水器具的漏损。

（4）现场机具、设备、车辆冲洗用水必须设立循环用水装置。施工现场办公区、生活区的生活用水采用节水系统和节水器具，提高节水器具配置比率。项目临时用水应使用节水型产品，安装计量装置，采取针对性的节水措施。

（5）施工现场建立可再利用水的收集处理系统，使水资源得到梯级循环利用。

（6）施工现场分别对生活用水与工程用水确定用水定额指标，并分别计量管理。

（7）大型工程的不同单项工程、不同标段、不同分包生活区，凡具备条件的应分别计量用水量。在签订不同标段分包或劳务合同时，将节水定额指标纳入合同条款，进行计量考核。

（8）对混凝土搅拌站点等用水集中的区域和工艺点进行专项计量考核。施工现场建立雨水、中水或可再利用水的搜集利用系统。

4.4.2 非传统水源利用

（1）优先采用中水搅拌、中水养护，有条件的地区和工程应收集雨水养护。

（2）处于基坑降水阶段的工地，宜优先采用地下水作为混凝土搅拌用水、养护用水、冲洗用水和部分生活用水。

（3）现场机具、设备、车辆冲洗、喷洒路面、绿化浇灌等用水，优先采用非传统水源，尽量不使用市政自来水。

（4）大型施工现场，尤其是雨量充沛地区的大型施工现场建立雨水收集利用系统，充分收集自然降水用于施工和生活中适宜的部位。

（5）力争施工中非传统水源和循环水的再利用量大于30%。

4.4.3 用水安全

在非传统水源和现场循环再利用水的使用过程中，应制定有效的水质检测与卫生保障措施，确保避免对人体健康、工程质量以及周围环境产生不良影响。

4.5 节能与能源利用的技术要点

4.5.1 节能措施

（1）制订合理施工能耗指标，提高施工能源利用率。

（2）优先使用国家、行业推荐的节能、高效、环保的施工设备和机具，如选用变频技术的节能施工设备等。

（3）施工现场分别设定生产、生活、办公和施工设备的用电控制指标，定期进行计量、核算、对比分析，并有预防与纠正措施。

（4）在施工组织设计中，合理安排施工顺序、工作面，以减少作业区域的机具数量，相邻作业区充分利用共有的机具资源。安排施工工艺时，应优先考虑耗用电能的或其它能耗较少的施工工艺。避免设备额定功率远大于使用功率或超负荷使用设备的现象。

（5）根据当地气候和自然资源条件，充分利用太阳能、地热等可再生能源。

4.5.2 机械设备与机具

（1）建立施工机械设备管理制度，开展用电、用油计量，完善设备档案，及时做好维修保养工作，使机械设备保持低耗、高效的状态。

（2）选择功率与负载相匹配的施工机械设备，避免大功率施工机械设备低负载长时间运行。机电安装可采用节电型机械设备，如逆变式电焊机和能耗低、效率高的手持电动工具等，以利节电。机械设备宜使用节能型油料添加剂，在可能的情况下，考虑回收利用，节约油量。

（3）合理安排工序，提高各种机械的使用率和满载率，降低各种设备的单位耗能。

4.5.3 生产、生活及办公临时设施

（1）利用场地自然条件，合理设计生产、生活及办公临时设施的体形、朝向、间距和窗墙面积比，使其获得良好的日照、通风和采光。南方地区可根据需

要在其外墙窗设遮阳设施。

(2)临时设施宜采用节能材料,墙体、屋面使用隔热性能好的材料,减少夏天空调、冬天取暖设备的使用时间及耗能量。

(3)合理配置采暖、空调、风扇数量,规定使用时间,实行分段分时使用,节约用电。

4.5.4 施工用电及照明

(1)临时用电优先选用节能电线和节能灯具,临电线路合理设计、布置,临电设备宜采用自动控制装置。采用声控、光控等节能照明灯具。

(2)照明设计以满足最低照度为原则,照度不应超过最低照度的20%。

4.6 节地与施工用地保护的技术要点

4.6.1 临时用地指标

(1)根据施工规模及现场条件等因素合理确定临时设施,如临时加工厂、现场作业棚及材料堆场、办公生活设施等的占地指标。临时设施的占地面积应按用地指标所需的最低面积设计。

(2)要求平面布置合理、紧凑,在满足环境、职业健康与安全及文明施工要求的前提下尽可能减少废弃地和死角,临时设施占地面积有效利用率大于90%。

4.6.2 临时用地保护

(1)应对深基坑施工方案进行优化,减少土方开挖和回填量,最大限度地减少对土地的扰动,保护周边自然生态环境。

(2)红线外临时占地应尽量使用荒地、废地,少占用农田和耕地。工程完工后,及时对红线外占地恢复原地形、地貌,使施工活动对周边环境的影响降至最低。

(3)利用和保护施工用地范围内原有绿色植被。对于施工周期较长的现场,可按建筑永久绿化的要求,安排场地新建绿化。

4.6.3 施工总平面布置

(1)施工总平面布置应做到科学、合理,充分利用原有建筑物、构筑物、道路、管线为施工服务。

(2)施工现场搅拌站、仓库、加工厂、作业棚、材料堆场等布置应尽量靠近已有交通线路或即将修建的正式或临时交通线路,缩短运输距离。

(3)临时办公和生活用房应采用经济、美观、占地面积小、对周边地貌环境影响较小,且适合于施工平面布置动态调整的多层轻钢活动板房、钢骨架水泥活动板房等标准化装配式结构。生活区与生产区应分开布置,并设置标准的分隔设施。

(4)施工现场围墙可采用连续封闭的轻钢结构预制装配式活动围挡,减少建筑垃圾,保护土地。

(5)施工现场道路按照永久道路和临时道路相结合的原则布置。施工现场内形成环形通路,减少道路占用土地。

(6)临时设施布置应注意远近结合(本期工程与下期工程),努力减少和避免大量临时建筑拆迁和场地搬迁。

5 发展绿色施工的新技术、新设备、新材料与新工艺

5.1 施工方案应建立推广、限制、淘汰公布制度和管理办法。发展适合绿色施工的资源利用与环境保护技术,对落后的施工方案进行限制或淘汰,鼓励绿色施工技术的发展,推动绿色施工技术的创新。

5.2 大力发展现场监测技术、低噪音的施工技术、现场环境参数检测技术、自密实混凝土施工技术、清水混凝土施工技术、建筑固体废弃物再生产品在墙体材料中的应用技术、新型模板及脚手架技术的研究与应用。

5.3 加强信息技术应用,如绿色施工的虚拟现实技术、三维建筑模型的工程量自动统计、绿色施工组织设计数据库建立与应用系统、数字化工地、基于电子商务的建筑工程材料、设备与物流管理系统等。通过应用信息技术,进行精密规划、设计、精心建造和优化集成,实现与提高绿色施工的各项指标。

6 绿色施工的应用示范工程

我国绿色施工尚处于起步阶段,应通过试点和示范工程,总结经验,引导绿色施工的健康发展。各地应根据具体情况,制订有针对性的考核指标和统计制度,制订引导施工企业实施绿色施工的激励政策,促进绿色施工的发展。

政策法规

建设部日前发出"关于印发《绿色建筑评价标识管理办法》(试行)的通知"(建科[2007]206号)。办法如下：

绿色建筑评价标识管理办法(试行)

第一章 总则

第一条 为规范绿色建筑评价标识工作，引导绿色建筑健康发展，制定本办法。

第二条 本办法所称的绿色建筑评价标识（以下简称"评价标识"），是指对申请进行绿色建筑等级评定的建筑物，依据《绿色建筑评价标准》和《绿色建筑评价技术细则(试行)》，按照本办法确定的程序和要求，确认其等级并进行信息性标识的一种评价活动。标识包括证书和标志。

第三条 本办法适用于已竣工并投入使用的住宅建筑和公共建筑评价标识的组织实施与管理。

第四条 评价标识的申请遵循自愿原则，评价标识工作遵循科学、公开、公平和公正的原则。

第五条 绿色建筑等级由低至高分为一星级、二星级和三星级三个等级。

第二章 组织管理

第六条 建设部负责指导和管理绿色建筑评价标识工作，制定管理办法，监督实施，公示、审定、公布通过的项目。

第七条 对审定的项目由建设部公布，并颁发证书和标志。

第八条 建设部委托建设部科技发展促进中心负责绿色建筑评价标识的具体组织实施等日常管理工作，并接受建设部的监督与管理。

第九条 建设部科技发展促进中心负责对申请的项目组织评审，建立并管理评审工作档案，受理查询事务。

第三章 申请条件及程序

第十条 评价标识的申请应由业主单位、房地产开发单位提出，鼓励设计单位、施工单位和物业管理单位等相关单位共同参与申请。

第十一条 申请评价标识的住宅建筑和公共建筑应当通过工程质量验收并投入使用一年以上，未发生重大质量安全事故，无拖欠工资和工程款。

第十二条 申请单位应当提供真实、完整的申报材料，填写评价标识申报书，提供工程立项批件、申报单位的资质证书，工程用材料、产品、设备的合格证书、检测报告等材料，以及必须的规划、设计、施工、验收和运营管理资料。

第十三条 评价标识申请在通过申请材料的形式审查后，由组成的评审专家委员会对其进行评审，并对通过评审的项目进行公示，公示期为30天。

第十四条 经公示后无异议或有异议但已协调解决的项目，由建设部审定。

第十五条 对有异议而且无法协调解决的项目，将不予进行审定并向申请单位说明情况,退还申请资料。

第四章　监督检查

第十六条　标识持有单位应规范使用证书和标志,并制定相应的管理制度。

第十七条　任何单位和个人不得利用标识进行虚假宣传,不得转让、伪造或冒用标识。

第十八条　凡有下列情况之一者,暂停使用标识:

(一)建筑物的个别指标与申请评价标识的要求不符

(二)证书或标志的使用不符合规定的要求

凡有下列情况之一者,撤销标识:

(一)建筑物的技术指标与申请评价标识的要求有多项(三项以上)不符的

(二)标识持有单位暂停使用标识超过一年的

(三)转让标识或违反有关规定、损害标识信誉的

(四)以不真实的申请材料通过评价获得标识的

(五)无正当理由拒绝监督检查的

被撤销标识的建筑物和有关单位,自撤销之日起三年内不得再次提出评价标识申请。

第十九条　标识持有单位有第十七条、第十八条情况之一时,知情单位或个人可向建设部举报。

第五章　附则

第二十条　处于规划设计阶段和施工阶段的住宅建筑和公共建筑,可比照本办法对其规划设计进行评价。

《绿色建筑评价标准》未规定的其他类型建筑,可参照本办法开展评价标识工作。

第二十一条　建设部科技发展促进中心应根据本办法制定实施细则。

第二十二条　本办法由建设部科学技术司负责解释。

第二十三条　本办法自发布之日起施行。

国家发展和改革委员会制定《可再生能源中长期发展规划》

日前,国家发展和改革委员会发布通知,为贯彻落实《可再生能源法》,合理开发利用可再生能源资源,促进能源资源节约和环境保护,应对全球气候变化,而组织制定了《可再生能源中长期发展规划》,目前已获国务院审议通过。

根据此规划,新能源行业将长期受扶持

目前我国可再生能源的规模只有8%,能源消费的70%依靠煤,这样的能源结构将给我国带来很大压力。根据已发布的《规划》,要逐步提高优质清洁可再生能源在能源结构中的比例,力争到2010年使可再生能源消费量达到能源消费总量的10%左右,到2020年达到15%左右。

发改委副主任陈德铭表示,今后一个时期中国可再生能源发展的重点是水能、生物质能、风能和太阳能;将加快可再生能源电力建设步伐,到2020年建成水电3亿kW、风电3000万kW、生物质发电3000万kW、太阳能发电180万kW。

业内人士称,我国能源相对贫乏,与此同时经济的高速增长需要大量的能源保障,这不仅造成日益严重的环境问题,还使得国内能源消费越发依赖进口,长期下去不利于我国经济的可持续性发展。因此,国家对于可再生能源行业将继续维持较大的扶持力度,并对行业内的上市公司长期利好。

风电产业将迅速发展

我国目前以风能为代表的新能源所占比重较低,但是发展较为迅速。由于我国在风电方面的技术最为成熟、成本也相对较低,因此,尽管与传统能源相比其成本仍然偏高,但随着国产化率的不断提高、环境压力的加大,未来风电产业发展前景异常明朗。

业内人士指出,根据发改委《中国可再生能源中长期规划》,2010年我国风电装机将超过500万kW,2020年风电装机目标是3000万kW。如果按照5000元/kW粗略计算,2020年国内风电领域的设备投资将超过1000亿元,因此风电设备产业面临的市场空间广阔。

第十二届"绿色中国"论坛潘岳发表讲话

中国环境文化促进会于2007年9月9日下午13:30在钓鱼台国宾馆5号楼举行了第十二届"绿色中国"论坛。本届论坛从政府、企业、社会三个方面来探讨环境经济政策的各个层面，寻求构建中国环境经济政策的新体系。论坛由国家环保总局副局长潘岳主持。

2007年9月9日，国家环保总局副局长潘岳在第十二届"绿色中国"论坛上首次提出全新的环境经济政策架构和路线图，并呼吁各宏观经济部门和拥有环保权能的专业部门联合起来进行环境经济政策的研究和试点。INTERNEWS国际记者培训机构等NGO、企业和新闻界的代表应邀出席。

潘岳在当日发表了关于环境经济新政策的主旨演讲，系统总结了国际环境经济政策的经验，全面介绍了新的环境经济政策体系。环境经济政策是指按照市场经济规律的要求，运用价格、税收、财政、信贷、收费、保险等经济手段，影响市场主体行为的政策手段。具体是七个方面：一是绿色税收。要对开发、保护、使用环境资源的纳税单位和个人，按其对环境资源的开发利用、污染、破坏和保护的程度进行征收或减免，对于环境友好行为实行税收优惠政策，对环境不友好行为，征收以污染排放量为依据的直接污染税、以间接污染为依据的产品环境税。二是环境收费。提高排污收费水平，在资源价格改革中充分考虑环境保护因素，以价格和收费手段推动节能减排。三是绿色资本市场。在间接融资渠道，推行"绿色贷款"，对环境友好型企业或机构提供贷款扶持并实施优惠利率，对污染企业的新建项目投资和流动资金进行贷款额度限制并实施惩罚性高利率；在直接融资渠道上，研究一套针对"两高"企业的，包括资本市场初始准入限制、后续资金限制和惩罚性退市等内容的审核监管制度。四是生态补偿。这项政策不仅是环境与经济的需要，更是政治与战略的需要。要完善发达地区对不发达地区、城市对乡村、富裕人群对贫困人群、下游对上游、受益方对受损方、"两高"产业对环保产业进行以财政转移支付手段为主的生态补偿政策。五是排污权交易。利用市场力量实现环境保护目标和优化环境容量资源配置，降低污染控制的总成本，调动污染者治污的积极性。六是绿色贸易。针对发达国家越来越多的绿色贸易壁垒，中国必须改变单纯追求数量增长，而忽视资源约束和环境容量的发展模式，平衡好进出口贸易与国内外环保的利益关系。七是绿色保险。其中环境污染责任保险最具代表性，一方面由保险公司对污染突发事故受害者进行赔偿，减轻政府与企业的压力；一方面又增强了市场机制对企业排污的监督力量。

他说，环保总局已经与人民银行、银监会联合制定出台了《落实环保政策法规防范信贷风险的意见》。下一步，将是联合财政部开展环境财税政策、生态补偿政策等课题的研究和试点；联合证监会，对上市公司进行环境保护核查，评价其环境绩效，促进上市公司履行环保责任；联合保监会，在环境事故高发的企业和区域推行环境污染责任险试点；联合商务部，加强对出口企业环境管理，限制不履行社会责任的企业产品出口。

他透露，从环保总局与各宏观经济部门合作情况看，争取在一年内出台若干项政策；两年内完成主要政策试点；四年内初步形成中国环境经济政策体系。环境经济政策一旦推行，不仅对中国环保事业有重大意义，也为中国科学发展观与行政体制改革提供了坚实的制度支撑。

特别关注

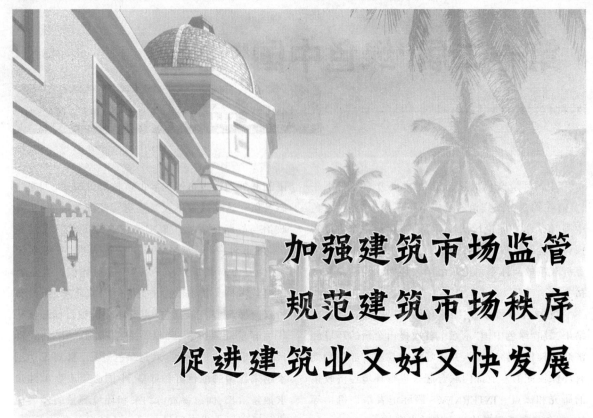

加强建筑市场监管
规范建筑市场秩序
促进建筑业又好又快发展

2007年9月27日建设部就建筑市场监管工作举行新闻发布会。建设部建筑市场管理司司长王素卿,副司长王早生、刘宇新到会并回答媒体提问。

建筑业是国民经济的重要物质生产部门,它与整个国家经济的发展、人民生活的改善有着密切的关系。有效的建筑市场监管对保证工程质量、安全,对充分发挥投资效益,促进建筑业又好又快的发展有着重要的意义。

近年来,我国国民经济快速稳步发展,固定资产投资增长势头强劲,为建筑业发展提供了良好的发展环境和空间。据国家统计局统计,从2002年到2006年,我国固定资产投资从43500亿增加至109870亿,年均增长26%;同期,建筑业总产值由18527亿元增加到40975亿元,年均增长22%,建筑业增加值由7005亿元增加到11653亿元,年均增长13.6%。2004~2006年,建筑业增加值占GDP的比重稳定在5%~7%。

2006年,建筑业企业完成房屋建筑施工面积399605.77万 m^2,比上年同期增长13.3%;其中,新开工房屋面积218850.03万 m^2,比上年同期增长10.7%;完成房屋建筑竣工面积164122.52万 m^2,比上年同期增长3%。同时,建筑业在容纳就业,尤其是农村剩余劳动生产力就业、增加农民收入方面发挥着重要作用。建筑业的发展还有力地带动着钢铁、建材、装饰材料等诸多行业的发展,成为拉动国民经济快速增长的重要力量。

随着我国经济的快速增长、经济体制改革的不断深化、"以人为本"科学发展观的贯彻落实,新时期对建筑市场监管工作提出了更高的要求。

新形势下,建筑市场监管工作的总体思路是:坚持用科学发展观统领建筑市场监管工作全局,建立符合社会主义市场经济体制要求、与国际惯例相接轨的建筑市场管理体制和工作机制,健全建筑市场法规体系,创新监管方式,营造统一开放、竞争有序的市场环境。

一、建筑市场管理近期主要工作

(一)法规制度建设工作

按照《建筑法》和《行政许可法》的规定,完善了对从事建筑活动的企业个人执业资格管理制度。自2005年以来,修订和出台了7项部门规章,包括:工程勘察设计、施工、监理、招标代理、外商投资建设工程服务企业等5项企业资质管理规定,注册监理工程师、注册建造师等2项个人执业注册管理规定。在新的企业资质管理规定中,进一步下放了一部分企业资质审批权限,规范了审批行为,提高了审批效率;适应发展和改革的需要,完成了相关企业资质标准的修订,颁布了《建筑智能化工程设计与施工资质标准》等4个设计与施工资质标准,《施工总承包企业特级资质标准》以及《工程建筑设计资质标准》;按照我国加入WTO的承诺,建立了统一的内外资企业资质管理体系;同时根据全国人大在《建筑法》执法检查中反映出的问题,启动了《建筑法》的修订工作。

(二)整顿规范市场秩序工作

通过对建筑市场招投标环节中的违规问题,工程承包中的转包、违法分包、资质挂靠、不执行工程建设强制性标准问题,以及拖欠工程款等问题的专项治理,建筑市场秩序得到进一步好转。招标投标制度得到普遍执行。据统计,2002~2006年,房屋建筑投标承包面积占房屋建筑施工总面积比例从76.7%上升至82%,可以说除法律法规规定可以不招标的外,应招标的房屋建筑工程基本实行了招标。县级以上建设行政主管部门建立了招标投标监管队伍,97%的地级城市建立了建设工程交易中心,变分散招标为集中招标,增加了招标的透明度和公正性;成建制的劳务队伍正在发展壮大,逐步代替"包工头"的挂靠;全国建设领域2003年底以前拖欠的工程款和农民工工资已基本解决,基本实现了国务院确定的清欠工作目标,防新欠长效机制正在建立;长期困扰建筑业发展的行业保护和地方封锁得到突破,建设部和铁道部两次联合印发了《关于进一步开放铁路市场的实施意见》,进一步开放了铁路建设市场,同时同其他部门进一步协商,进一步开放专业工程市场;各地方市场基本开放,各地普遍取消了外地企业招标投标许可证和外地企业进入许可证,许多省市已经将外地队伍进入本地市场的审批制改为备案制,取消了外地队伍管理费等歧视性政策。

(三)市场运行机制建设工作

市场主体的信用缺失,是导致建筑市场混乱的根源,信用体系建设工作是规范建筑市场秩序的治本之策。2004年以来,我们确定了建筑市场信用体系建设的整体目标,印发了《建设部关于加快推进建筑市场信用体系建设工作的意见》,在信用体系建设的指导思想、总体目标、基本原则等方面都提出了具体要求,启动了长三角和环渤海区域诚信体系建设试点工作。2007年初印发了《建筑市场诚信行为信息管理办法》,公布了175条《建筑市场各方主体不良行为记录认定标准》,建筑市场信用体系建设取得突破性进展,全国80%的省级建设行政主管部门建立了"失信单位名录",将失信企业信息向社会公开,实现了"一地受罚,处处受制"的市场监控环境;建设工程担保、保险手段应用规模不断扩大,2004~2006年,建设部先后出台了有关推行工程担保的若干规定、示范文本和指导意见,全国18个省市相继出台了推行工程担保制度的规定或配套措施。

(四)建筑业"走出去"及对外开放工作

中国加入世贸组织五年来,全面履行了入世议定书中承诺的建筑市场开放的各项义务,出台了一系列建筑业对外开放的法律规定,创造了良好的外商投资环境和市场竞争环境,顺利完成了中国入世过渡期。据建设部初步统计,截至2006年10月底,来自全球30多个国家和地区的投资者在中国境内设立了1400多家建筑设计或建筑业企业;企业"走出去"成效显著,与商务部共同研究明确对外承包工程管理体制,完善《对外工程承包管理条例》,制定支持企业"走出去"的政策措施。据统计,2006年,我国对外承包工程营业额300亿美元,同比增长37.9%。截至2006年底,我国对外工程承包累计完成营业额1658亿美元,签订合同额2519亿美元。

二、建筑市场监管下一阶段重点工作

(一)完善行政审批工作机制

继续完善企业和个人资质管理制度,按照已经出台的企业和个人资质管理规定，尽快出台相应实施办法和配套标准。加快电子政务建设，逐步实现各类企业资质网上申报、计算机辅助资质审查。对已明确的审批权限，分解审核指标、完善审核标准、落实审核责任、加强层级监督，加大对资质申报中弄虚作假行为查处。严格个人执业资格管理，强化专业技术人员的执业责任，会同有关部门对当前某些专业部分个人执业资格考试与执业结合不紧密的问题，研究解决办法。

(二)加快建筑市场信用体系建设

总结长三角和环渤海区域试点工作，督促各地建设主管部门按照《建筑市场诚信行为信息管理办法》和《建筑市场各方主体不良行为记录认定标准》要求，抓紧不良信息的报送，争取在今年年底前建立起全国建筑市场统一信用信息平台，整合现有资质、质量、安全、招投标违规处罚、拖欠工程款等系统，及时采集并向社会披露市场主体诚信情况，尽快形成失信惩戒和社会监督机制。

(三)完善招投标制度，规范招标行为

继续完善招标投标制度，研究出台《房屋建筑和市政基础设施工程资格审查办法》，抑制招标人通过资格审查排斥潜在竞标人现象，探索研究经评审的合理低价中标的评标办法，以解决当前最低价中标带来的某些弊端；加强招标投标过程的监督管理，突出监管重点，加强政府投资工程的监督，明确招标投标中建设单位和评标专家的责任，严肃查处招标投标活动中违法违规行为。

(四)推进工程总承包和项目管理的发展

从工程建设自身规律和市场运行机制出发，改革工程建设实施组织方式。大力推行国际通行的工程总承包和项目管理模式，修订出台《建设工程项目管理办法》，组织制定《工程项目管理服务合同范本》和《工程总承包合同范本》，近期召开工程项目管理研讨会，组织经验交流，加强指导，推进工作进一步发展。

(五)进一步提高建筑业对外开放水平

重点研究建筑企业"走出去"遇到的问题，提出对策，提供服务；同商务部共同配合国务院法制办，加快《对外工程承包条例》的出台；加强国际交流，组织"第二届中美建筑与工程服务交流研讨会"，推动APEC框架下建筑师项目的实施以及中日韩等国的建筑业交流。

建设部建筑市场管理司司长王素卿在新闻发布会上表示，近期举行的一级建造师执业资格考试，有人举报有试题提前泄露事件发生。目前，建设部、人事部、公安部已介入调查，具体情况将由人事部公布。

北京住总集团再次入选全球225家国际承包商

最新一期的美国ENR杂志公布了2007年ENR国际承包商225强的最新座次。北京住总集团以国际营业收入66(单位：百万美元)、全球营业收入1158.3（单位：百万美元）、新签合同额495.7(单位:百万美元)排在第185位，比2006年提升了17位。

北京住总集团是一家大型国有建筑集团公司，具有对外经营权、劳务派遣权。现任领导班子成立以来，确立并实施"立足北京、辐射全国、进军海外"的战略，在上世纪90年代初走向海外承揽工程施工的基础上，逐渐探索发展到现在的工程总承包，并从传统的非洲市场扩展到中东以及欧洲地区，业务范围也从单一工程建设发展到国际贸易，特别是与圭亚那木材公司合资成立了"北京住总集团国际木业公司"，专门进行圭亚那热带珍贵木材进口加工销售业务，业绩良好。

据悉，每年ENR国际承包商225强排名依据是上一年度承包商的国际市场营业收入所得。入围2007年ENR国际承包商225强的中国内地公司共有49家。

特别关注

2007年 全国工程质量安全监督执法检查

9月15日,由建设部组织的2007年全国工程质量安全监督执法检查拉开序幕,10个检查组将分赴全国20个省份对200个工程项目进行为期10天的检查。这是建设部贯彻国务院有关工程质量安全工作要求的具体行动,也是贯彻《国务院办公厅关于进一步加强安全生产工作 坚决遏制重特大事故的通知》(国办发明电[2007]38号)、《关于认真开展建设系统安全隐患排查 进一步加强安全监管工作的紧急通知》(建质电[2007]60号)的具体措施。

这次检查的目的:一是通过监管执法检查,宣贯国务院的要求精神,深入了解各地贯彻落实国家有关工程质量安全、建筑节能管理等相关法律法规,技术标准规范的情况;二是深入工地,切实了解工程实体质量安全、工程建设各方责任主体及有关机构的质量安全行为;三是促进工程建设各方主体不断增强质量安全意识,进一步落实质量安全责任,提高建设工程质量和安全生产水平;四是通过调查研究,为工程质量安全工作的体制、机制建设提供基础资料。当前,我国工程建设质量和安全生产水平总体上是好的。特别是《建设工程质量管理条例》和《建设工程安全生产管理条例》颁布实施以来,各级建设主管部门和工程建设各方主体高度重视,严格管理,规范操作,工程质量安全管理工作取得了长足进步,工程建设质量水平稳步提高,符合社会主义市场经济要求的建设工程质量安全管理机制基本形成。同时,安全生产水平也有所提高。2004年以来,在建筑业总产值每年都大幅增长的情况下,全国房屋建筑和市政基础设施工程生产安全事故已经连续三年以较大幅度下降,建筑业事故百亿元产值死亡率从2003年的6.92下降到2007年上半年的2.63。

但是,部分地区质量保证和安全生产的形势仍然不容乐观。这次检查将促进建设行政主管部门加大质量安全监管力度,规范企业质量安全行为,进一步推动全国建设工程质量安全管理水平的提高。

据了解,这次全国工程质量安全监督执法检查内容包括地方建设主管部门贯彻落实有关工程质量法律法规以及对工程建设违规行为的查处情况,建设、勘察、设计、施工、监理单位等各方责任主体及施工图设计文件审查、工程质量检测等有关机构执行国家有关工程质量法规和工程建设强制性技术标准的情况以及施工现场安全生产情况。检查项目将包括在建公共建筑、住宅和市政桥梁工程。检查重点除工程地基基础和主体结构质量外,还将突出建筑节能和安全生产内容。对发现问题的工程,检查组将发放执法建议书,并给予相应的行政处罚。

建设部领导高度重视工程质量安全工作。对这次检查提出明确要求:严肃认真,求真务实;严格执法,不讲情面;听取意见,总结经验;廉洁检查,遵守纪律。

天津

近年来,天津市工程质量状况总体处于受控状态;该市建筑结构工程质量稳步提高,连续多年未发生重大工程质量事故,2006年质量综合指数达到567.76,比2005年提高了9.61个百分点;率先在全国实施居住建筑节能65%的标准,目前该市在规定范围内居住建筑100%按"三步节能"标准设计施工,公共建筑工程全部按50%节能标准设计施工,2005年以来新建住宅工程中水入户、供热分户选换实现了100%;住宅工程质量投拆明显下降,由2000年每年受理400件左右下降到现在的200件左右;高质量地建成地铁一号线、轻轨中山门到开发区段、奥体中心等大型工程并投入使用。

同时,天津市安全生产形势日趋稳定。从2005年至今,未发生3人以上重大事故。天津市委采取了一系列措施,加大监管力度,杜绝重大事故的发生:一是确保施工企业必要的安全生产投入,加强安全文明措施费用的管理,保证安全文明施工费用全部用于改善安全生产条件;二是全面推行施工现场远程视频监控系统,实现安全文明施工的动态监管;三是全面贯彻安全质量标准化管理制度;四是出台了安全文明施工管理规定,为安全生产和文明施工提供了法律保障;五是推行了安全许可制度,对施工人员进行全面培训。

云南

建设部第十检查组在云南省听取了省建设厅和昆明市、大理州、大理市建设局关于本地区工程质量安全总体情况的汇报,查看了相关管理工作的文件资料,并对3个城市的10个工程项目进行了现场检查,对受检工程的建设、勘察、设计、施工、监理单位等各方责任主体和施工图设计文件审查、工程质量检测等有关机构执行国家工程质量安全法规、工程建设强制性标准的情况,以及受检工程的勘察设计、施工质量、施工现场安全和建筑节能等内容进行了检查。

北京

此次检查是贯彻落实全国建设工程质量管理工作会议精神与建设系统开展安全隐患排查专项行动的具体体现。北京市规委、建委高度重视此次检查工作。于9月15日上午专题向检查组汇报了北京市贯彻落实质量安全检查工作的部署与落实情况。随后根据要求,检查组从500多项工程中随机抽取了10项工程(其中1项市政桥梁工程,9项房屋建设工程),检查中检查组听取受检工程参加各方的工作汇报,提出了具体工作要求。检查组专家根据分工,对受检工程资料与现场质量安全进行了抽查,严格按照检查标准,对检查中发现的重要问题及时认真地向受检单位指出,达到检查目的。

江苏

为加强工程建设管理,规范参建各方的市场行为,全面提高工程建设质量水平,强化安全监管措施,建设部组成专项检查组,于2007年9月15日至20日,对江苏省南京市、常州市和江阴市展开为期6天的工程质量安全监督执法检查。检查组共随机抽取了10个在建项目,其中南京市5个项目:1个市政桥梁工程、1个公共建筑、3个房屋建筑;常州市3个项目:1个公共建筑工程、2个房屋建筑工程;江阴市2个房屋建筑工程。

近年来,江苏省所属各市(县)认真贯彻国家、建设部和江苏省关于工程质量、施工安全和建筑节能的法律、法规,通过建立健全法制体系、整顿规范建筑市场,强化监管手段和实施全方位监督等措施,全面提高全省的工程质量水平,大力推进建筑节能工作,确保了建筑施工安全,工程建设管理工作又上新台阶。

一、法律制度健全,工程质量、建筑节能的法制观念普遍得到加强

江苏省认真贯彻落实国家、建设部和省有关工程质量、建筑节能方面的法律法规制度,建筑市场的准入和清出制度、执业人员注册管理制度、工程招标投标制度、施工图设计审查制度、施工许可制度、建设监理制度、质量监督制度和竣工验收备案制度得到了全面执行。省人大常委会又修订了《江苏省建筑市场管理条例》和《江苏省工程建设管理条例》,省政府又修订了《江苏省建设工程招标投标管理办法》,进一步完善了工程建设管理的法律体系。

这几年江苏省在工程建设管理中施工许可严把了开工关,竣工验收备案严把了工程交付使用关,质量监督、图审制度和抗震设防审查制度严把了工程质量过程控制关,发挥了重要的监督把关作用。建设单位必须依法建设,参建单位必须履行质量责任,建设行政主管部门必须依法监管的法制观念普遍得到加强。

二、质量责任重于泰山,全社会质量意识普遍得到加强

目前参建各方都加强了工程质量管理,勘察、设计、施工、监理等也都加强了企业质量管理。质量信用已经成为建筑市场影响企业竞争、生存和发展的重要因素。全社会的质量意识普遍得到提高,建筑市场秩序经过整顿日趋规范,行业得到了较快的发展,中介机构逐步发育壮大。行政管理队伍稳定。全省建设工程质量以企业管理为基础,以质量监督为手段,以法律法规为保障的质量管理体系健全,使全省工程质量管理长期以来保持了较高水平。

三、与时俱进创新工作,全省的工程质量水平有了明显的提高

江苏省建设厅认真总结推广南京市住宅质量通病防治、市政工程质量通病防治和住宅工程分户验收的经验,印发了《住宅工程质量通病控制标准》、《江苏省住宅工程质量分户验收规则》,对业主、勘察、设计、施工、监理提出了执行要求,较好地解决了全省各地住宅工程普遍发生的楼地面开裂、墙体开裂、厨卫间开裂渗漏、外墙渗漏、屋面渗漏、粉刷空鼓问题。全省工程质量水平上了一个台阶,人民群众对工程质量的满意度明显地提高,从2005年10月以来质量投诉共77起,并逐年减少。

省建设厅建筑市场综合执法检查、工程质量监督巡查、工程监理飞行检查、监测机构飞行检查,加强了层级管理力度。全省的建设工程施工许可和竣工验收备案实现了网上申报、网上发证和网上管理。施工图设计审查、抗震设计审查提高了国家强制性条文执行力度,消除了许多质量隐患。工程质量监督方式的改革取得了明显的成效,在全国率先实行监督巡查,提高了监督效率。

四、加强监管,建筑节能工作成效有较大提高

南京、苏州、常州、南通、盐城等市对建筑节能工作高度重视,分别成立了建筑节能管理专门机构,并制定了"十一五"建筑节能发展规划。盐城市还规定从收缴的墙改专项基金中提取3%~5%,作为专项奖励基金,用于表彰墙改和建筑节能工作中作出突出贡献的单位和个人。南京市在加强日常监管的同时,制定并实施民用建筑节能在施工、销售阶段实行公示的制度,得到建设部的认可,已在全国转发。徐州、淮安等地充分利用煤矸石、粉煤灰等废渣资源,研制开发了导热系数小、保温性能好的新型墙体材料,已形成产业化基地,能够基本满足当地需要。今年江苏省开展机关办公建筑和大型公共建筑节能监管体系建设试点示范工作,南京、徐州、常州被列为试点示范市。三市响应省厅号召,积极行动,制定实施方案。计划年内开展辖区内机关办公建筑和大型公共建筑的能耗统计、能源审计和能耗公示工作。

陕西

自从建设部《关于组织开展全国工程质量监督执法检查的通知》下发后,省厅及时转发并组织力量进行了一次全面检查,全省共检查了2897个在建工程,总面积2365.8万㎡,查出涉及质量问题后发整改通知书151份,停工通知书29份,5月下旬又组成3个检查组共抽查了在建工程93项,查出质量问题发出整改通知书19份。

全省施工安全正在认真进行安全生产隐患排查治理专案行动。

把专项隐患排查行动落实到施工企业和生产第一线,全省安全事故、死亡指标有所下降,整体的标准化文明施工达标水平有所提高,部分工程实行了电子监控,洞口、临边、定型化、工具化的防护,比较普遍,咸阳市施工升降机的梯笼内都有防坠器的实验开关,施工专项方案审批齐全;但仍有不足,咸阳一个项目高压线虽然进行了防护,但覆盖范围不够,仍然存在安全隐患。

特别关注

中国经济形势走势分析

——中国经济形势分析与预测2007秋季报告

由中国社会科学院经济学部《中国经济形势分析与预测》课题组主办的2007年秋季座谈会10月10日在北京举行。会上发布了中国经济形势分析与预测2007年秋季报告。

报告在模型模拟与实证分析相结合的基础上,预测和分析2007年和2008年我国经济的发展趋势和面临的问题。其主要内容包括:

一、主要国民经济指标预测

报告认为:自2005年以来,宏观经济运行中出现的一个可喜现象,是消费的增长速度有了明显提高,消费需求增长均保持在12%以上,出现了消费增长逐步加快的好形势。预计2007年的社会消费品零售额将达到89000亿元,2008年将超过10万亿大关,达到103400亿元,2007年和2008年实际增长率分别为12.2%和12.3%左右,名义增长率分别为16.5%和16.2%左右。消费继续保持较稳定的增长,成为拉动宏观经济增长的主要因素之一。

近年来,我国外贸顺差和外汇储备持续高速增长。这种外贸高增长、高顺差的"双高"局面在2007年和2008年将继续下去。预计2007年的进口和出口的增长速度都将分别达到20.3%和25.1%左右的水平,全年外贸顺差将超过上年,达到2600亿美元左右的创记录水平;2008年受人民币升值和出口退税政策调整等因素的影响,进口速度有所上升,出口增长速度将有所减缓,但是外贸整体顺差将继续有所上升,进口和出口的增长速度将分别为22.9%和20.5%左右,顺差有可能超过2900亿美元。

总的来看,我国目前宏观经济形势基本稳定,国民经济在2007年和2008两年中仍将继续保持较快的增长,GDP增长率将保持在较高水平上。但是我们必须密切注视近一段时期以来在宏观经济运行中新出现的各种复杂的不利因素,特别要关注居民消费价格的明显上涨对保持经济平稳运行所可能带来的影响,审时度势,继续努力做好宏观调控工作,抓住有利时机,积极化解消极因素,力争在深化改革和加强经济结构调整的同时,保持国民经济的适度快速、稳定协调的健康增长。

2007年和2008年主要国民经济指标预测结果如下:

	2007年	2008年
1.总量及产业指标		
GDP增长率	11.6%	10.9%
第一产业增加值增长率	4.6%	5.0%
第二产业增加值增长率	13.5%	12.2%
其中:重工业	15.0%	3.6%
轻工业	12.1%	10.5%
第三产业增加值增长率	10.7%	10.4%
其中:交通运输邮电业	10.5%	9.8%
商业服务业	11.1%	10.7%
2.全社会固定资产投资		
总投资规模	138000亿元	171370亿元
名义增长率	25.6%	24.2%
实际增长率	21.6%	20.0%
投资率	56.6%	61.3%

二、宏观经济形势分析

报告分析了前三个季度的统计数字,认为2007年我国经济保持了快速增长的强劲势头,社会生产力水平提高较快。近几年一直存在的几个问题依然存在,有的缓解不大,有的更趋严重。

第一,经济增长速度过快。自2003年以来,我国GDP增长速度一直保持在10%以上,而且呈逐年上升的趋势,2007年增长速度将创新高。经济增长速度长期保持如此高的速度不仅给经济结构调整、资源能源的合理开采和利用,以及环境保护工作都带来许多困难,而且会加剧宏观经济由偏快转向过热的态势。第二,近年来全社会固定资产投资增幅虽然有所减缓,但是与经济增长和消费增长相比,投资增长速度仍然过快,且最近出现了反弹趋势。2007年1~8月的城镇固定资产投资增速为26.7%,超过了上半年的25.9%近一个百分点,比去年高出约3个百分点。投资反弹将是经济出现过热的主要驱动力。第三,贸易顺差过大。自2004年以来我国对外贸易高速增长,外贸顺差越来越大。2007年8月份外贸顺差近250亿美元,比上年同期增长85%,为有纪录以来的月度次高水平。预计2007年顺差可能达到2600亿美元左右,2008年仍然可能继续扩大。外贸顺差的急剧增加,不仅使我国贸易磨擦大量增加,加剧了流动性过剩,增加了人民币的升值压力,而且反映内需相对不足,造成资源环境趋紧,不利于经济结构调整,加大了经济运行的风险。第四,货币供应偏大,信贷投放过多。2007年7、8两月货币供给M2增幅均在18%以上,前8个月人民币各项贷款同比多增5438亿元,总计新增3.08万亿元,已经超过了年初确定的全年新增量不超过3万亿元的上限。如此数量的信贷投放无疑不利于控制宏观经济趋向过热的局面。

在上述这些已经存在了若干年的问题尚未得到有效解决的同时,2007年以来又出现了新的问题,即通货膨胀压力增加,以及伴随而来的资产价格加速攀升。能否及时有效地解决这个问题,化解通货膨胀压力和抑制资产价格的过快上升,是保持未来几年宏观经济稳定和可持续增长的关键。

三、努力化解通货膨胀压力

报告指出:自今年年初以来,居民消费价格持续走高。至8月底,CPI已经累计上升3.9%,8月当月同比上升6.5%,大大超过了年初预期上升3%左右的水平。CPI的较高上涨已经成为宏观经济趋向过热的明显信号,这一问题需要引起密切关注。虽然目前CPI上涨主要是由于猪肉价格大幅度上涨直接引起带动食品价格上涨,从而带动消费价格整体水平的明显上涨,但是在其背后隐含的通货膨胀压力不容忽视。在过去一段时期内积累的价格上涨因素和近期新出现的价格上涨因素已经形成了可能造成总体价格水平明显上涨的压力。

第一,存在成本推动的通货膨胀压力。自进入21世纪以来我国上游产品的价格上涨幅度一直明显高于下游产品价格上涨幅度。由于各种原因,上游产品价格向下游产品价格的传导一直受到阻碍。但是当环境发生变化时,特别是上游产品价格上涨累积到一定程度时,这种传导必然会发生的,形成成本推动型的通货膨胀压力。7月份虽然一些上游产品价格上涨较CPI低了一些,但是值得关注的企业商品价格上涨幅度仍然高于CPI,同时目前上游产品价格又出现了上升趋势。特别需要关注的是随着生产资料价格的上涨,农业生产成本大幅上升,导致粮食成本上升。据统计,近五年来尿素、农用柴油、农膜的价格分别上升了26.6%、64.4%和60%,粮食每亩的生产成本上升了23.9%。因此我们仍需要密切关注上游产品价格的变化,防止由于成本推动造成价格全面上涨。形成成本推动通货膨胀压力的另一个因素,是当前存在的劳动力成本上升,2007年上半年城镇单位职工平均工资同比增长18.6%。有资料显示,在过去15年中我国工资水平的上升在全世界是最快的。

第二,存在需求拉动的通货膨胀压力。由于各种比较复杂的原因,我国宏观经济运行中存在的流动性过剩的问题一直得不到缓解。2007年第二季度以来M_1和M_2的增长速度都在逐步加快。相对过

特别关注

多的货币供给必然是可能产生需求拉动型通货膨胀的直接原因。此外，今年上半年出现了一个新情况，城镇居民和农村居民的收入增长速度双双提高。城镇居民人均可支配收入增长速度已经高于经济增长，农村居民的人均纯收入增长速度也接近了经济增长。居民收入增长速度的提高是一件好事，长期以来我国居民收入增长低于经济增长的状况必须通过居民收入增长速度的加快来改变。但是在当前CPI涨幅加速的时候，居民收入增长速度超过经济增长速度，也同时会成为形成需求拉动型通货膨胀的因素。

第三，经济增长速度过高形成价格上涨压力。自2003年以来，我国GDP增长速度一直高居10%以上，而且呈逐年加快的趋势。这种宏观经济的高速增长主要是通过工业的高速增长、通过投资的高速增长实现的。在经济高速增长的同时，某些经济结构问题趋于恶化，特别是投资与消费的比例结构和三次产业结构中长期存在的问题不仅没有得到改善，而且愈趋严重。在这样的状态下，过高的经济增长和过快的投资增长会成为出现通货膨胀的动因。我国在1988～1989年，1993～1994年曾经出现的经济过热，就是由于投资的过快增长导致了高通货膨胀的出现。这些教训是值得汲取的。特别需要引起重视的是，目前宏观经济高速增长，国内外市场需求旺盛，财政收入高速增加，企业效益向好，加之党的十七大的召开，以及奥运会因素，各方面的投资意愿和冲动将会更加强烈，会对价格上涨形成更大的压力。

第四，节能减排目标任务的实现会在一定时期内造成成本价格的上升。我国"十一五"规划中规定，到2010年单位国内生产总值能耗下降20%，主要污染物排放减少10%。这是十分重要的两个目标任务，对于构建社会主义和谐社会具有重要的意义。但是这又是两个十分艰巨的任务，必须付出巨大的努力。2006年这两项工作的完成情况不理想，今后一段时期内必须加大工作力度。为了实现这两个目标，必须在一定时期内增加投入，必然形成生产成本的上升，进而在初始阶段形成价格上升的压力。

第五，国际市场某些主要商品价格上涨会对我国国内市场价格产生影响。近期，世界市场上在石油、谷物等重要商品价格呈上涨趋势的同时，美国次级债问题爆发，使得国际经济环境中的不确定、不稳定因素进一步增强。这些因素，特别是某些重要商品的价格上涨趋势，可能会在不同程度上对我国国内市场价格水平产生影响。

报告还提出了目前存在的两个虽然不直接造成价格上涨但是可能使价格上涨影响放大的因素：一是个别经营者和利益集团的不正当行为，扰乱市场秩序，推波助澜，串通涨价，合谋涨价，乘机乱涨价。对这样的行为必须及时制止，严厉打击。二是宏观调控政策措施，特别是货币政策出台的及时性问题。

四、充分重视资产价格问题

报告认为当前我国证券和房地产等资产市场价格也在高位上持续攀升。特别是部分城市房地产价格上涨过快、过高，已经严重地影响到居民住房，影响到人民群众的切身利益。全国70个大中城市房屋销售价格自6月份同比上涨7.1%；7月份同比上涨7.5%后，8月份再创新高，同比上涨达8.2%。在证券市场方面，依据上市公司2007年上半年的年报数据推算，剔除长期停牌的股票，目前1243只A股的加权动态市盈率为40.71倍。剔除2007年中期净利润为负的股票，1127只股票中，只有261只股票的市盈率低于平均水平，仅占23.16%，其余近八成的股票市盈率水平均高于40.71倍。当然不可否认，证券市场价格和房地产市场价格上升有正面因素的作用：居民越来越适应市场经济环境，投资识增强，是证券市场价格上升的因素之一；居民收入增加，生活水平提高，改善居住条件的意愿增强，是房地产市场价格上升的因素之一。但是去年以来证券和房地产这两个重要资产市场上价格涨幅双双大幅走高，表明泡沫成分在加大，值得高度重视。

当前我国资产价格上涨明显较CPI上涨幅度高的原因主要有以下几个方面：第一，我国目前的宏观经济中通货膨胀压力与被掩盖的产能过剩并存，同时价格上涨具有结构性特点,尚未形成普遍性的全面上涨。在这样的环境中,资金趋向于流向短期供给弹性较小,长期保值性较好的房地产市场。第二,我国目前由于多方面因素造成的流动性过剩问题短期内难以有效解决,货币供给充沛,同时又在较长时期内维持低利率、负利率,处于资产保值增值的需要,人们也会倾向于将资金投向证券和房地产市场。第三,在财政税收方面,由于中央和地方分税比例与事权划分的不对称,土地转让收入成为了地方政府的主要收入来源,使得地方政府行为由以前更重视发展企业转变为更重视土地开发搞城市化,从而推高了土地和房地产价格。第四,一些部门单位违法违纪在资本市场上进行非法炒做,牟取暴利,人为抬高了价格。第五,国际热钱以各种手段流入中国,进入资产市场,伺机牟利。

五、政策建议

1. 把过快的经济增长速度特别是投资增长速度降下来

在连续数年宏观经济高位运行并趋于过热的情况下,2008年宏观调控的复杂性进一步增强,难度进一步加大。2008年必须下决心坚决把经济增长速度适度回调,重点是防止投资反弹,继续减缓全社会固定资产投资增长速度。为了把过高的增长速度和投资增长降下来,必须深化改革,进一步加强和完善宏观调控,提高宏观调控的有效性。各级政府应该认真落实科学发展观,努力构建社会主义和谐社会,把提高经济发展质量和效益真正放在首位,扭转盲目追求GDP的倾向。同时要注意宏观调控的力度和方向,防止出现经济运行的大起大落,保持国民经济的持续稳定快速增长。

2. 把缓解通货膨胀压力稳定物价水平作为宏观调控的首要任务

2008年应把控制消费品价格和资产价格的过快上涨,缓解通货膨胀压力,稳定物价水平,作为宏观调控的首要任务。货币政策应进一步执行稳中从紧的方针,提高货币政策的预见性、科学性和有效性,进一步控制信贷规模,改变负利率状态,加强利率、汇率等政策的协调配合,保持人民币汇率在合理、均衡水平上的基本稳定。同时注意提高利率可能对中小企业流动资金需求、商业银行坏账率,以及普通居民购房贷款负担带来的影响。财政政策应加强对结构调整和社会发展事业的支持力度,同时减少各级财政对基本建设项目的支持力度,各级财政要进一步加强对农业的投入,切实落实各项支农惠农政策;建立价格调节基金、专项补贴基金,完善对农产品提供者、低收入困难群体和在校大学生的补贴政策,做好社会的稳定工作。要努力加大中低价位住房的供给,保证有足够数量的新建住房投入市场,切实为有需要的群众提供足够的经济适应房和廉租房,遏制房价过快上涨。要大力发展资本市场,加强资本市场基础性制度建设,完善市场结构和运行机制,防止资产价格泡沫的膨胀。

3. 把坚持和提高节能减排标准作为宏观调控的第三个闸门

自2003年开始的此次宏观调控把控制信贷规模和控制土地供给作为宏观调控的两个闸门,取得了重要的成效。在当前宏观调控面临更加复杂局面更加艰巨任务的时候,需要把坚持和提高节能减排标准作为实现宏观调控目标的第三个闸门。在过去的几年中,针对"十一五"规划中要求的节能减排目标完成难度大的问题,我们强化了节能减排标准,加大了落实节能减排工作的力度,取得积极效果。在今后的工作中应该认真总结经验,把坚持和提高节能减排标准作为一项最重要的工作来抓。这样做可以一箭双雕,既可以降低过快的增长速度,又可以促进科学发展观的落实,为长期社会经济的可持续发展创造更有利的条件。

(王佐)

案例分析

对惠州80万t/年乙烯工程建设管理模式的剖析

◆ 戚国胜，彭 飞，宋继周，晋朝辉

(中国石化工程建设公司，北京 100101)

摘 要：本文从PMC产生背景、PMC选择过程、PMC模式项目阶段的划分、各阶段主要工作内容、工程建设管理组织机构及PMC取得成功的关键因素等方面对惠州80万t/年乙烯项目PMC管理模式进行了深入剖析，并对惠州80万t/年乙烯项目PMC模式与中国传统项目管理模式进行了详细的比较；文中还对赛科乙烯项目的IPMT管理模式做了介绍，对惠州、赛科乙烯项目工程建设管理模式做了比较，指出了在大型石化项目的管理模式选择上要结合项目的特点选择合适的管理方式。本文力求为探索大型石化项目的工程建设管理模式提供参考依据，以求全面提高大型石化项目的工程建设管理水平。

关键词：惠州乙烯工程；赛科乙烯工程；建设管理模式；比较研究

20世纪90年代至今，我国石油化工行业进入了快速发展时期，惠州80万t/年乙烯、赛科90万t/年乙烯、福建80万t/年乙烯、茂名乙烯改造、独山子100万t/年乙烯、天津100万t/年乙烯、镇海100万t/年乙烯等大型石化项目相继开工建设。中国石化工程建设公司(以下简称SEI)作为我国石油化工行业工程建设的主力军，在集团公司的统一领导、组织和安排下，有幸参与了上述石化项目的工程设计、项目管理和工程承包。基于各种因素的制约和影响，上述项目所采取的工程建设管理模式各不相同。其中：

◆ 惠州80万t/年乙烯项目采用了国际通行的PMC管理模式；

◆ 赛科90万t/年乙烯项目采用业主与管理承包商(PMC)组成IPMT的管理模式；

◆ 独山子100万t/年乙烯采用"业主自行管理+国际工程公司提供咨询服务"的管理模式；

◆ 福建80万t/年乙烯项目在定义阶段采用了PMC管理模式，实施阶段采用IPMT模式；

◆ 天津、镇海、茂名乙烯项目采用了业主自行管理模式；

工程建设管理模式的选择，需根据业主的管理能力、项目的特点来确定。基于本人亲自参与了惠州80万t/年乙烯PMC项目的报价及实施，并先后担任PMC项目报价经理、项目副主任、公司PMC项目主管经理工作；作为公司生产主管经理负责组织、参与了赛科90万t/年乙烯、福建80万t/年乙烯、茂名乙烯改造、独山子100万t/年乙烯、天津100万t/年乙烯、镇海100万t/年乙烯等项目的实施。本文试图通过对惠州80万t/年乙烯工程建设管理模式的剖析，为探索大型石化项目的工程建设管理模式提供参考依据，以求全面提高大型石化项目的工程建设管理水平。

一、惠州80万t/年乙烯项目的PMC管理模式

项目管理承包(PMC)是指业主在项目建设的过程中，选择一家PMC承包商，与之签订项目管理承包合同。PMC承包商则依据该合同，代表业主在项目前期策划、项目定义、项目融资安排以及工程设计、采购、施工、试运行等阶段对工程安全、质量、进度、费用、合同进行全面管理，从而确保项目目标的实现。在这种项目管理模式下，业主方面只需保留很小部分的管理力量，集中精力对项目执行过程中的关键问题进行决策，绝大部分的项目管理工作都由PMC承包商来完成。

1. PMC产生的背景

在20世纪70年代以前，大型工程的项目管理基本上是由业主执行的。业主负责组织项目的前期工作，从市场、资源、资金等方面完成对项目的定位，然后自行或委托工程公司进行设计工作，设计完成后对工程建设、物资采购等进行招标，选定承包商后由业主对整个项目进行管理及竣工验收工作。许多大型公司也都设有工程公司，负责其公司项目的发展及工程的管理工作。

20世纪80年代以来，以石化工业为代表的能源产业的发展从欧美逐步转移至亚太、中东和南美地区，欧美市场趋于饱和。由于欧美地区新建的大型项目越来越少，各大公司对其工程部门的资源进行了整合，关闭和出售了部分工程部门，因此这些

大公司管理大型工程的能力也逐渐减弱。与此同时专业化工程公司发展十分迅速，通过收购兼并出现了多家大型跨国工程公司，它们业务范围包括咨询、工艺研究、专利使用许可、项目研究到项目管理、融资、EPC承包和运行管理等，特别是中东大型石化项目的建设，由于业主的专业水平及管理能力均较弱，这为工程公司发展其项目管理承包业务提供了良好的机遇。它们承担了以往由业主自行完成的项目管理工作，即PMC承包商。PMC可视为业主的延伸，代替业主对EPC承包商进行管理，利用自己丰富的专业知识、工程管理人力资源和工程管理经验，确保项目目标的完成，取得了很好的效果。通过多个大型项目的实践，项目管理承包商开发出成龙配套的项目管理程序文件及项目量化管理软件。目前PMC模式已广泛应用到亚太和南美地区，欧美的一些大型项目也开始聘用PMC承包商对项目进行管理。

国际上承担PMC业务的公司主要是大型跨国公司，如美国福陆公司(FLOUR)、美国柏克德公司(BECHTEL)、美国鲁玛斯环球公司(ABB LUMMUS GLOBAL INC)、美国KBR公司(原凯洛格和布朗路特合并)、美国克瓦纳公司(KVAERNER)、欧洲德希尼布公司(TECHNIP)、美国福斯特惠勒公司(FOSTER WHEELER)、英国埃麦克公司(AMEC)等。

以往国内新建大型项目，一般都要组建一个庞大的基建指挥部来进行项目建设期的管理。这在我国社会主义经济建设的一定历史时期，曾不失为一种好的项目管理模式。但是，在企业着力追求经济效益、积极参加国际竞争的今天，基建指挥部的项目管理模式已经越来越不能够适应这一形势。因为在项目投产后，基建指挥队伍将成为企业在整个工厂生命周期获得良好经济效益的沉重负担。

伴随着中国加入WTO，国内工程公司必将加快进入国际型工程公司的步伐，这些变化为PMC在中国的推广提供了良好的外部环境。从业主方面，按照集团公司的统一部署，目前大都在进行组织机构方面的改革，精简机构，过去长期依附

于企业的基建处、设计院(所)将逐渐从主体剥离,形成独立的企业实体,从而使业主在进行新项目建设时需要依靠集团公司的统一组织和协调并聘请专业的工程公司提供相应的项目管理服务。近年来随着国内合资项目的增加,外方业主往往希望把PMC这一国际通行模式运用到自己将要参与建设的项目中去,以确保项目建设的成功,以此来增强各项目投资方及董事会对该项目成功的信心。另一方面,随着国内工程公司多年的发展以及和国外工程公司不断的合作与交流,少数优秀的工程公司已经积累了大量的项目管理方面的经验,具备了承担PMC项目的实力,它们也希望通过PMC项目提高自身的管理水平,并取得实施PMC项目的资质,在适当时候向国际工程承包市场进军。

中国石化与巴斯夫合作的扬巴项目、中国石化与BP合作的赛科项目、中国海洋石油与壳牌公司合资的惠州80万t/年乙烯项目、福建80万t/年乙烯项目等一批超大型项目已经采用或部分采用了PMC作为自己项目建设管理的模式,这些项目的实施为国内工程公司进行PMC工作提供了前所未有的契机。

2.惠州80万t/年乙烯项目PMC的选择

惠州80万t/年乙烯项目的PMC选择过程如下:1998年12月,业主邀请四家国内、国外公司组成的联合PMC投标体进行PMC资格预审,通过业主的综合评定,业主于1999年1月通知其中两家联合体进入短名单。之后又经过数轮激烈的角逐和竞争,2001年2月,业主宣布由柏克德、SEI、福斯特惠勒组成的联合体(BSF)获得PMC资格。

3.PMC模式项目阶段的划分及主要工作内容

惠州80万t/年乙烯项目阶段划分及主要工作内容如图1所示。

4.惠州80万t/年乙烯项目PMC在项目各阶段的主要工作内容

目前,国际上通常将项目的执行分为两个阶段,即前期阶段(又称定义阶段、FEL或FEED)和实施阶段(又称EPC阶段,即设计/采购/施工阶段)。惠州80万t/年乙烯项目即把项目分为定义阶段和实施阶段。定义阶段主要是指详细设计开始之前的阶段,该阶段包含了详细设计开始前所有的工程活动,工作量虽仅占全部工程设计工作量的20%~25%,但该阶段对整个项目投资的影响却高达70%~90%,因此该阶段对整个项目十分重要。根据惠州80万t/年乙烯项目的经验,在项目定义阶段,PMC主要工作包括:

(1)项目建设方案的优化;

(2)对项目风险进行优化管理,分散或减少项目风险;

(3)提供融资方案,并协助业主完成融资工作;

(4)审查专利商提供的工艺包设计文件,提出项目统一遵循的标准、规范,负责组织或完成基础工程设计、初步设计和总体设计;

(5)协助业主完成政府部门对项目各个环节的相关审批工作;

(6)提出设备、材料供货厂商的短名单,提出进口设备、材料清单;

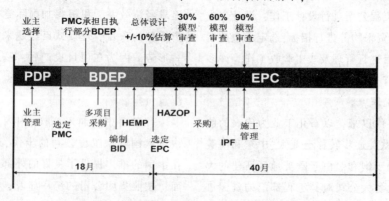

图1 惠州80万t/年乙烯项目阶段划分及主要工作内容

(7)提出项目实施方案,完成项目投资估算;

(8)编制 EPC(或 EP)招标文件,对 EPC(或 EP)投标商进行资格预审,完成招标、评标。

在项目实施阶段,由中标的总承包商负责执行详细设计、采购和建设工作。PMC 在这个阶段里,代表业主负责全部项目的管理协调和监理作用,直到项目完成,主要负责以下工作:

(1)编制并发布工程统一规定;

(2)设计管理、协调技术条件,负责项目总体中某些部分的详细设计;

(3)采购管理并为业主的国内采购提供采购服务;

(4)负责对 EPC 承包商进行管理;

(5)负责施工现场的总体规划、界面协调、大型机具的统一调配;

(6)统一组织办理项目审批、报建工作,代表业主协调与地方政府之间的关系;

(7)同业主配合进行生产准备、组织试车、组织装置考核、验收;

(8)向业主移交项目全部资料。

在各个阶段,PMC 应及时向业主报告工作,业主则派出少量人员对 PMC 的工作进行监督和检查。

5. 惠州80万t/年乙烯项目工程建设管理组织机构

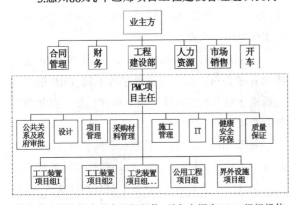

图中带点的方框为业主组织机构;无色方框为 PMC 组织机构

6. 惠州80万t/年乙烯项目PMC取得成功的关键因素

(1)高效率的团队:在项目执行的全过程中,PMC 一直把组建由中、外方工程管理人才和专业技术人才组成的高素质、高效率、一体化的团队作为项目获得成功的前提。

为此,惠州80万t/年乙烯项目规定中、外双方组成的团队成员共同遵循以下准则:

1)同事间相互尊重和信任;

2)互相帮助,直率而友好地请求或给予他人帮助,共享经验和教训;

3)及时、真诚和完善地进行沟通和交流;

4)通过遵守协议和保守承诺来赢得信任;

5)决不在背后诋毁同事;

6)通过真诚的合作来解决分歧意见;

7)体现出高水准的职业和道德行为,同时规定对于选派到项目上工作的人员应具备以下素质:

● 技术合格、能高质量完成工作;

● 能够适用在中外双方联合工作的环境,如团队精神及成本意识;

● 忠诚于项目;

● 愿意到项目执行地工作;

● 遵守健康、安全及卫生(HSE)承诺。

为使团队的运作更加和谐,项目定期组织团队建设活动,团队建设的目标首先是让大家明确项目目标,其次是找出实现目标的具体措施,其主要内容有:

● 明确项目的挑战;

● 合作各方如何发挥其最大的作用;

● 如何促进交流;

● 如何克服语言及文化障碍。

(2)健康安全卫生(HSE)目标的实现:基于项目对环境潜在影响的关注和实现业主(HSE)目标的要求(一般外方业主在此方面都有较高要求),PMC 管理方法和工作程序必须能够实现最高标准的 HSE 要求并确保项目的可持续性发展。

(3)追求对环境和社区的最小影响:PMC 应采取在环评报告和相关研究报告中确认的有效措施,尽可能降低项目对环境和社区潜在的不利影响。配合业主协调满足政府机关、地方社区和其他投资者对环境方面的需要。

(4)世界级的健康安全标准:PMC 必须保证通过精心设计并采取强有力的保护措施使潜在的影响健康安全的不利因素得到最大程度的控制。

(5)变更控制/费用管理:所有的工艺单元和公

用工程单元都是采用成熟的技术，因此在项目的定义阶段就可以确定工程内容并控制变更的发生，PMC 通过提高设计文件的质量，以减少实施阶段变更的产生，只有为了满足 HSE 的要求，或者能为业主带来持续的经济效益，或者因详细设计方案需要，变更才可以得到批准。

(6) 符合项目的质量标准：PMC 负责建设符合国际质量标准、满足生产能力要求的可靠合理的合同工厂。PMC 在定义阶段所采用的标准规范必须得到业主的同意，PMC 负责确保实施阶段承包商的工作符合质量标准。

项目的标准规范根据业主选用的标准规范文件并结合中国规范加以完善。外方业主选用的标准规范文件需根据项目的实际情况加以修改，并在实施前得到业主项目管理层的批准，应力争最大程度的工程设计标准化、规范化。

(7) 有效的界面管理：惠州 80 万 t/年乙烯项目是一个大型综合的工程项目，有效妥善地处理业主、PMC、专利商、设计承包商、中国的设计院和其他第三方的界面关系是项目取得成功的保证。

由 PMC 界面经理负责完善项目的界面管理手册，确认相关各方的界面关系、信息资料的传递方式、各自责任，以及界面工作程序。手册需要根据项目的进展不断检验、确认并进行更新。界面管理和信息交流不仅仅是界面经理的责任，也是每个人的责任。

(8) 最大化中国内容：尽量最大化利用中国资源，这包括三个方面的内容以降低成本，一是有效地利用中国设计院完成项目的工程设计工作，二是要最大化采购满足国际质量标准的中国产品，三是在施工中选用中国的建筑承包企业。

(9) 与政府的合作：及时取得中国政府的批准对于项目的进展是至关重要的。中国的审批程序很复杂，涉及到从中央到地方各级政府的相关部门，PMC 代表业主与各级政府保持融洽和谐的关系，并努力寻求更快捷的审批途径。

(10) 费用节约：PMC 不断探索节约费用的途径。在不影响到项目的安全、质量、进度的前提下，想方设法节约整个项目的综合费用。

通过对分包合同投标商的评标工作，将确定一种批准的预算作为项目的控制预算。

PMC 负责组织完成基础工程设计，用以限制履约分包合同承包商要求变更合同的机会，使分包合同发生的费用降至最低。对于确实需要变更合同的工作，PMC 负责对每项工作调整作出预算，并且在批准的预算中严格控制费用。

(11) 对专利商和基础工程设计分承包商的有效管理：及时得到专利商的信息是保持与项目进度一致的关键，PMC 在工作中和专利商保持紧密联系。

由 PMC 组织完成基础工程设计工作，形成一套完整的基础工程设计文件，确定合同承包商的范围，PMC 对基础工程设计文件的质量负全部责任。

惠州 80 万 t/年乙烯项目为了对专利商和基础工程设计分承包商进行有效的管理，共设立两个执行中心（北京执行中心和英国雷丁执行中心），分别负责与专利商和基础工程设计分承包商的协调工作。

(12) 项目执行计划的编制：PMC 编制一个周密的执行计划，表明所有的设计接口关系和装置组成，此计划将明确从 EPC 报价准备到现场管理全过程，并将提出确保装置建成、开车的一体化方案。惠州 80 万 t/年乙烯项目执行计划包括了项目概述、工作范围、项目管理计划、项目关键问题、及项目各职能部门工作程序等内容。

(13) 项目程序管理文件：考虑到组成 PMC 联合体的各家公司工作方法及程序的不同，PMC 组织编制适应于整个项目的统一项目程序，要求参加项目各方都按该程序进行工作。

惠州 80 万 t/年乙烯项目在合同管理、进度、质量及费用控制、健康安全及环保、行政及财务管理等方面制订了一整套约 1000 多个项目程序文件，规范了各方的工作程序，为项目的顺利实施提供了可靠的保障。

(14) 通信及协作：对于由中外几方合作、执行地分散的 PM 项目，项目成功的关键在于有效的联系和沟通，而这都依靠一套强有力的通信及网络系统，惠州乙烯项目主要使用下列联系工具保持通信的畅通性：

• WAN（广域网）——建立了项目独立的网络，网络中心设在现场。

• 局域网 LAN——在每个执行办公室单独划分出一组 LAN 来支持项目。

• 远程访问（VPN 的实施）——VPN 是一项正在兴起的新技术，即在公共的 Internet 线路上，通过数据加密算法对用户的数据进行加密，建立安全的私有连接。因此只需本地市话或国内长途，节约了大量的国际长途话费。

• EDMS（电子文档管理系统）

项目建立了以 Documentum D4i 为基础的电子文档管理系统（EDMS）。在项目中实现了统一的文档管理平台。EDMS 在项目建设期间，提供一套完善的受控的文档管理环境，在将来 EDMS 为装置的运行提供长期的文档管理。

• ProjectNet

ProjectNet 是可通过 Internet 访问的数据托管服务。为项目组成员提供全方位、多功能的服务，可以从家里、机场、宾馆、项目办公室和非项目办公室访问数据。提供讨论组、图纸批注、活动布告等功能。

• 内部网站——在项目内部网上利用了浏览器技术。

（15）奖励

在项目中，PMC 应建立奖励机制，在项目执行过程中，项目成员如能提出一些新的想法，如减少投资、缩短周期、提高质量等，将会有一定的奖励。惠州乙烯项目有一套完整的项目奖励程序，主要对以下行为进行奖励：

——杰出行为；

——创新思想；

——节约成本或保证进度表现。

奖励每月发放，一般会召开个小型的庆祝会，获奖人将得到一张由主管项目经理及项目主任共同签署的奖状，并发放奖励（奖励一般为现金或礼品）。

7. 惠州80万t/年乙烯项目PMC模式与中国传统项目管理模式比较（见表1）

8. 与国内传统的建设管理模式相比，PMC所具备的优势

与国内传统的建设管理模式相比，PMC 主要具备以下几点优势：

（1）有助于提高建设期整个项目管理的水平，确保项目成功建成。业主所选用承担 PMC 的公司大都是国内外知名的工程公司，它们有着丰富的项目管理经验和多年从事 PMC 的背景，因其专业从事工程建设管理，其技术实力和管理水平均强于附属于业主的基建指挥部。

（2）有利于帮助业主节约项目投资。业主在和 PMC 签定的合同中大都有节约投资给予相应比例奖励的规定，PMC 一般会在确保项目质量、工期等目标完成的前提下，尽量为业主节约投资。PMC 一般从设计开始到试车为止全面介入进行项目管理，从基础设计开始，他们就可以本着节约的方针进行控制，从而降低项目采购、施工等以后阶段的投资，以达到费用节约的目的。

（3）有利于精简业主建设期管理机构。对于超大型项目，业主如选用建设指挥部进行管理，势必需要组建一个人数众多、组织机构复杂的指挥部。工厂建成后多数人员将成为企业的包袱。PMC 和业主之间是一种合同雇佣关系，在工程建设期间，PMC 会针对项目特点组成适合项目的组织机构协助业主进行工作，业主仅需保留很少的人管理项目，从而使业主精简机构。

（4）有利于业主融资。除了项目管理工作外，PMC 通常在项目融资、出口信贷等方面可对业主提供全面的支持。

二、赛科乙烯项目的IPMT管理模式

1. 项目合资情况

赛科乙烯项目由中外双方各出资 50% 合资建设，外方是英国 BP 公司，BP 公司在国际上几家大型企业中相对而言是一个比较灵活的公司；中方中国石化集团公司具有很强的基建能力和丰富的工程建设管理经验，在项目执行方面具有一定的决策能力。在这种投资结构下，无论是中方或是外方都不可能完全按照自己惯有的模式进行项目的管理和决策。

2. 管理体制

赛科项目管理体制是董事会领导下的 IPMT 负责制。IPMT 和合资公司事实上是同级并行的两个独

惠州80万t/年乙烯项目PMC模式与中国传统项目管理模式比较

表1

比较内容	中国传统项目管理模式	PMC模式
工程建设各阶段管理工作	• 确定项目总目标和策略 • 组织编制项目可行性研究报告 • 组织编制环境影响评价报告和劳动安全卫生预评价报告 • 选择工艺专利技术 • 申报项目全过程中需要政府审批的文件 • 组织并外委项目的总体设计和初步设计 • 分段对项目执行的承包商招标、评标和授标 • 对项目进行全过程的管理 • 采购承包商供货范围之外的设备、材料 • 进行生产准备 • 组织生产试车以上所有工作全部由业主自行组织完成	• 业主确定项目总目标和策略 • 业主组织编制项目可研报告 • 由业主组织编制,也可由业主委托PMC组织编制环评和安评 • 可由业主自行选择,也可由业主委托PMC选择工艺专利技术后由业主批准 • PMC负责申报在PMC授标后的所有需要政府审批的文件 • 由PMC进行项目的总体设计和初步设计 • 由PMC招标、评标,由业主批准并授标 • PMC负责项目全过程的管理 • 在PMC的管理、监督下由承包商采购,PMC也将采购部分设备 • PMC负责生产准备 • 由PMC组织生产试车并保运
标准、规范	• 依赖于专利商和EPC承包商所提供的标准、规范,因此在同一项目中可能同时执行各种各样的标准、规范	• PMC将选取经业主批准的、统一的标准规范,并贯彻强制性执行的中国标准、规范
承包策略	• 分段招标承包,承包商仅对相应部分负责,总的责任和风险由业主负责	• PMC按项目管理体系统一管理项目全过程的承包商和分包商,对项目建设负全部责任,承担相应风险
设计	• 业主委托中国的设计院承担项目总体设计,并由之负责各装置承包商之间的设计条件协调,基础设计由相应装置的承包商完成 • 项目的初步设计由总体设计院组织中国相关的设计院共同完成 • 业主委托相关的中国设计院承担相应装置的详细设计	PMC承担项目总体设计和装置基础设计(专利商有特定要求的工艺装置除外),并追求如下的项目设计最优化目标: • 总平面最合理,占地最少 • 管线最短,动力消耗最省 • 全厂综合技术经济指标最先进 • 初步设计由PMC中的中国公司完成 • 详细设计由EPC(或EP)承包商分包给中国设计院承担
材料管理	• 由装置EPC(或EP)承包商采购国外设备、材料,业主难以进行实质性监督 • 国内设备、材料由业主在承担详细设计的中国设计院配合下自行采购 • 业主负责设备、材料国内运输和现场保管	• 在PMC的监督、管理下,由EPC(或EP)承包商采购设备、材料,确保质量 • 由PMC向业主提供国内设备、材料采购服务 • 由PMC负责设备、材料的运输、保管和发放
招投标	• 由业主进行施工招标并管理	• 若实行EPC,则由EPC承包商进行施工招标,实施EPC、PMC两级管理,若实行EP+C,则由PMC进行施工招标,由PMC管理
试车	• 以业主为主进行生产准备和试车,由国外承包商(包括专利商)、中国的设计院和施工公司协助	• 以PMC为核心,业主参加并由PMC有机地联合各承包商有序地进行生产准备和试车,如果业主需要,PMC还可保运
融资	• 业主国内贷款 • 装置承包商寻求有关国家的出口信贷或商业贷款,中国银行担保	• PMC协助业主提出融资方案。若实行项目融资,国际银团则要求有信誉良好的工程公司承担PMC
风险	• 业主几乎承担全部风险	PMC承担以下风险: • 工程的安全和质量 • 投资控制目标 • 项目工期目标 • 现金流量目标

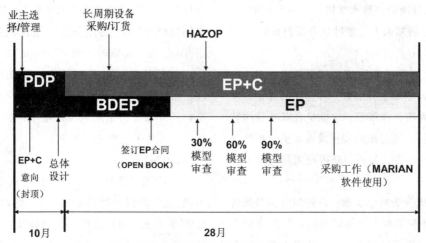

图2 赛科乙烯项目阶段划分及工作内容

立机构。IPMT 的人员主要由中外双方业主派遣和项目管理支持承包商 AMEC 的人员三方组成。IPMT 的管理工作主要靠双方业主人员担任，AMEC 派出部分专家承担技术顾问和技术协助的工作，并对 AMEC 提供的项目管理软件 CONVERO 系统的正常运行和维护负责。AMEC 派出部分专家承担技术顾问和技术协助的工作。

3.项目的阶段划分

赛科项目分两阶段进行，第一阶段为 FEED 阶段，类似于定义阶段，以完成 PDP、总体设计为标志；第二阶段为项目实施阶段。该项目的阶段划分及主要工作如图2所示。

4.IPMT 的组织机构

IPMT 按典型的矩阵式结构设置，在定义阶段，IPMT 设主任一名（由中方人员担任）、副主任一名（由 BP 方人员担任）。下设6个职能部门：控制部、技术部、采购部、实施部、施工部和行政部，各部门设经理一名、副经理一名，分别由中外双方人员出任。同时另设5个项目组直接分管项目。项目经理由实施部派出，同时接受其他部门的业务管理。转入实施阶段后，IPMT 的机构设置将作相应调整。

5.合同方式

赛科项目共分为5个大包、9个小包。由于受技术来源的限制，基本采用定向议标的方式。由中外承包商组成联合体，承担 EP+C 或 EPC 的合同。外方承包商为主的是 EP+C 的合同，中方承包商独立承担或为主承担的是 EPC 合同。另外通过招标选择中方的监理公司承担建设监理。

中外承包商组成联合体进行项目承包，具有以下特点：

(1)合作主体间的合作形式。

在与业主签订合同前，合作主体间需要签订合作协议。通常在只为一个独立项目投标而组成的联合体各方之间并不在法律上组成公司。在 SECCO 乙烯裂解装置中，ABB LUMMUS 和中国石化工程建设公司(SEI)的联合承包方式即为不组成公司的合作形式，即合同联盟。

合作协议对双方联合承包的模式、分担风险和分享利益的原则、联合体的组织机构、工作分工的原则性划分、争议解决的方式、税务及赔偿/连带责任均作出了明确的定义，同时确定了 ABB LUMMUS 公司作为领导承包商(LEAD CONTRACTOR)将对业主全面承担 EP 总承包单点责任。在确定了合作模式后，即与业主签订总承包合同。

(2)精确透明的估算模式(OPEN BOOK)

由于乙烯装置在整个建设项目中属于长周期建设的关键装置，因此业主在选择项目承包商时采取了议标的方式。在决定议标以前，业主与 ABB/SEI 联合体达成一个最高封顶价的协议，同时 ABB/SEI 可以启动工作。在设计工作到一定程度的时候，联盟体双方要编制 OPEN BOOK 估算。

OPEN BOOK 的估算方式要求具有详细的工程量清单，同时估算价格在25万美元以上的设备要经过询价获得。通过这种方法使工程量和单价充分透明给业主,对承包商的估算水平提出了更高的要求。在OPEN BOOK的基础上,经过双方谈判形成LUM SUM价格。

(3)全员变更管理观念,完善变更管理程序

该项目合同条款十分细致,对合同的尊重程度也远比以前国内项目高很多,这也是合资项目的特点。根据这个特点,项目组织积极灌输全员变更管理观念,通过索赔的方式使项目获得费用和进度方面的收益。

变更的形成分为两个步骤。首先制定偏差报告(DN),全体设计和采购人员可以根据自己对合同工作的理解及项目执行过程中业主不断提出的各种要求提出偏差申请,由项目组来识别是否属于合同变更。在确定为合同变更后即由项目组起草变更通知单CCO提交业主。

有效的变更管理,使合资业主、总承包商、分承包商都能够在合同的保护下执行项目工作。

(4)物资管理手段达到国际水平

在合同谈判期间,SECCO合资业主对项目信息管理提出了许多具体要求,其中包括材料管理系统采用INTERGRAPH公司的MARIAN系统。

MARIAN是国际石油化工工程公司广泛采用的材料管理系统,是涉及材料标准编码库、材料表(BOM)、请购、询价、评标、采购(订单)、厂商库、网上采购、催交、检验、运输、接运、仓库管理、材料发放等全过程一体化的材料管理系统。为了满足项目合同的要求,在短时间内根据项目特点,根据ABB公司的经验,项目组成功开发并在项目中使用MARIAN软件。使物资管理在工作程序和手段上达到与国际工程公司的同等水平。

有效的手段的确可以促进项目的管理,乙烯项目共200多个设计请购文件和定单,每个请购和定单文件又分为几个版次,通过MARIAN在物资流的各个环节,使这些数据得到有效的跟踪和控制。

(5)文档管理程序化

合资业主IPMT在软件和电子文档的管理上都有严格的要求和限制,对交付文件的内容、格式都提出了具体的要求。另外由于合作方实行版次设计,厂商资料也是版次繁多,如何控制好版次,保证按最新版设计,同时对接受及发出文件进行跟踪控制成为文档管理的关键。为此,项目组专门成立文档控制中心(DDC)和厂商资料控制中心(SDC)负责文档管理。

项目采用ABB公司的IDOCs作为电子文档管理平台。整个项目执行过程中的设计、采购信息和往来信件等在项目结束后都以电子的方式交付业主,形成业主电子仓库的一部分。

6.IPMT的特点

赛科项目管理模式和PMC模式在概念上有所不同,比较类似于我们通行的业主管理(或基建指挥部管理)模式。项目管理工作全部由中外双方业主团队来负责,而且在各工作包上由承包商来承担部分设备材料的采购和施工。赛科项目由于启动比较快,时间比较紧张,不可能按照一般的项目程序进行定义阶段的工作。比如在标准规范的准备上,一般应该由业主委托一个分承包商结合业主的要求和习惯在对工作包进行发包之前编制本项目的标准规范,这样也便于投标商进行投标报价和合同谈判。

赛科项目采用的是业主为主附加管理公司的管理,业主的管理和协调能力决定了项目的管理水平,因为管理公司不像PMC那样有明确的责任和利益。从目前的咨询费用上看是比较低的,但业主方面的投入比较大。

三、惠州、赛科乙烯项目工程建设管理模式对比(见表2)

四、结论

从上述分析可以看出,大型石化项目的管理模式并不是惟一的,要结合项目的特点选择合适的管理方式。从几个项目的运行情况来看,PMC、IPMT等管理模式各具特点,各有所长。在选择大型石化合资项目的管理模式时,重点应考虑以下几个因素:

(1)中外双方业主的项目管理理念和策略,业主对项目控制力的要求和对项目管理水平的期望值;

(2)业主自身的项目管理能力和经验;

(3)项目的规模及复杂程度;

(4)项目的融资要求;

(5)项目的进度和费用控制要求;

惠州、赛科乙烯项目工程建设管理模式对比 表2

比较内容	惠州	赛科
合资公司组成	SHELL 50%,CNOOC 45%,广东发展银行 5%	BP 50%,中国石化股份公司 30%,中国石化上海石化股份公司 20%
中方业主的作用	有一定作用,基本以外方为主	掌握对项目的主控权,全面贯彻中方工程建设的指导思想
中方业主的基建能力和经验	匮乏	丰富
母公司对项目的支持和指导能力	薄弱	强
协调资源能力	薄弱	强
业主投入	比较少	很大
吸收国外的管理模式	全面吸收	结合国情
项目分包模式	以 EPC 为主	EP+C,EPC
对施工单位的控制能力	基本靠合同约束	合同+行政管理和协调
工程建设进度	各阶段串联叠加,建设周期长,58 个月	各阶段并行交叉,大大缩短建设周期,38 个月

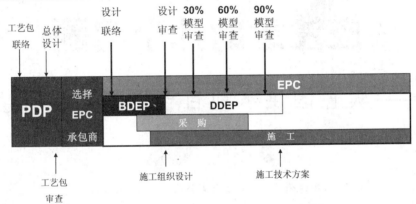

图3 工程建设阶段划分及主要内容(建议的)

(6)PMC 和 EPC 承包商对风险的承受能力。

在工程建设的过程中,主要应抓好以下几项工作:

(1)统一工程建设理念;

(2)发挥外方在技术和方案设计上的优势;

(3)牢固树立中方在工程建设中的主导作用;

(4)在基础设计阶段开始长周期设备采购工作;

(5)设计、采购、施工之间互相交叉;

(6)借鉴吸收国外工程公司在项目管理方面的经验和软件(EDMS、Intools、PDS、Marian);

(7)强化工程建设一体化管理;

(8)坚持"洋为中用,以我为主"的原则;

(9)工艺包结束后,通过招标选定 EPC 承包商,由 EPC 承包商对工程建设负全责;

(10)高度重视装置大型化给工程设计带来的挑战。

在综合考虑以上因素的基础上,无论是 PMC,还是 IPMT,建议的项目工程建设阶段划分及主要工作内容见图 3。

五、结束语

大型工程建设项目管理工作是一个复杂的系统工程,它具有资金投入大、建设周期紧、资源需求广、界面协调难、质量、安全起点高、标准、规范要求严、管理程序繁、信息交流需求快、受各方制约因素多等特点。工程建设管理模式的选择,对工程项目建设的成败起着至关重要的作用。无论是 PMC,还是 IPMT,均要结合国情和业主的实际情况。通过多年来参与工程建设的亲身体会,笔者认为:不论采用哪一种模式,都要遵循工程建设的固有规律,扬长避短、互相借鉴,处理好安全、质量、费用、进度、合同之间的关系,充分发挥项目建设各参加方的优势,把工作的着眼点放在如何追求又好又快地建设项目上来。

承包供水工程项目应注意的几个问题

——从 E 国供水项目合同执行谈开去

◆ 邵 丹，杨俊杰

(中建精诚工程咨询有限公司，北京 100835)

非洲 E 国供水项目合同签署于 2005 年 9 月，合同工期 700 天。项目主要的工作内容包括两城市间的主供水管线(球磨铸铁管，DN600)95km；城市内的分配供水管线(PVC DN50-DN300)150km；中间加压泵站 4 级，高差 1000m；8 座 500m³ 加压泵站配套水池；1 座 2000m³ 中继水池；1 座 4000m³ 城市蓄水池；10 座 200m³ 城市内分配供水池等。总计合同金额 2500 万美元，外币比例为 2:8；投资方为非洲发展银行，业主为 E 国水力资源部，承包商为中国某国际公司；该项目由法国顾问公司和当地监理公司组成的联合体共同进行全过程监理。

该项目在已执行的近 2 年时间里，项目组遇到关于合同方方面面的许多问题，对我们的工作产生较大的影响，本应提升经济效益的元素处理不慎反遭损失。现摘其几个重点分述如下，期望同行们予以必要的关注：

关于动员期的时间长度

在本项目的合同中，动员期的规定为签署合同后的一个月。而实际上，本项目真正具备基本的开工条件，是在合同签署的 3 个月以后，才正式破土动工，而主要的建筑材料的进口到工地，是在 6 个月以后。这样，由于动员期时间过短，给工程的执行造成了很大压力，并且业主和监理多次催促开工，这就直接导致了增加人员和设备投入量，加大了公司的成本负担。

事实上,在国外的中资公司在投标时,在当地都不会有现成的人员和设备可用。一般都是在收到授标函之后,才开始从国内组织人员、准备设备、采购材料等。即使有些公司在当地由于前期有项目在执行,可以抽调部分人员、设备和材料,也不可能做到满足项目的需要,其中的大部分也还是要从国内即时组织。这样,在时间上就需要2~3个月才能初步到位。这就导致了动员期的长短,直接影响到后续施工的进度安排和资源的投入程度。若时间过短(如30天内),必然会导致施工期的紧张和成本的加大,给公司造成种种压力。因此,在合同谈判的过程中,就需要对这一条款进行协商,争取更充裕的时间(如60天以上),力争创造一个相对宽松的时间氛围,以减少对后期施工的影响和压力。

关于预付款中的问题

在本合同中,将预付款规定为合同总价的15%。但在实际支付过程中,我们碰到了一个棘手的事情,非洲发展银行只支付不含VAT(增值附加税)部分的合同价的15%的预付款。这样实际支付的总额,就与合同中的数值有一个近60万美元的差值。后来经过与业主和非洲发展银行多次的交涉,才在3个月以后达成协议,由业主方全部以当地币来补齐差额部分。

预付款是项目动员和设备、物资采购的重要资金来源,直接关系到公司的资金投入和财务规划,每一个公司都会为了尽早拿到预付款而努力。那么,为了确保按时足额地拿到这部分资金,在合同的条款里,就一定要清楚、详细地作出明确规定,以说明预付款的占全部合同额的比例、当地币与外币的比例,避免因合同叙述上的不清楚或理解上的疑义而导致在支付过程中产生误解而影响到支付的进程。就如本项目,虽然最后拿到了全部的预付款,但是因为有40多万美元被支付成了当地币,无形中就对国内和国际的物资、设备采购造成了一定的影响,增加了公司国内部分的成本支出,实际还是受到了一定损失。

施工计划的编制

本项目执行过程中,我们碰到了非常严重的因业主的原因而导致的无法移交施工场地所造成的工程延误的情况,部分施工场地,直到开工接近2年以后都因赔偿问题而无法移交给承包商,这就造成了项目到现在为止最大的一个索赔项目。而这个索赔的标准和基础,就是施工计划。

在项目合同中,都有一个基础的施工计划作为合同的一部分被收入合同文件里,而且在开工以后会按固定的时间段进行更新。不论是作为基础文件的计划还是按监理的指令按期更新的计划,都应该把每个不同部位和分项目的开工日期尽量提前。这里一个重要的原因就是业主的场地移交是根据施工计划的顺序来进行的,而如果业主不能在批准的施工计划的项目开工日期之前全部移交场地,就可以作为赔偿项目进行索赔。

供水项目的特点都是在靠近居住集中的地区施工,战线长,牵涉面广。这样在工作中出现由于业主的赔偿不到位、土地所有者的不合作或与其他部门发生矛盾而造成无法移交施工场地或导致停工的机会相对来说就较其他类型的项目为多。出于承包商自身的考虑,就应该尽可能地把各子项目的开工时间提前,这样,一旦出现由于业主协调不到位导致出现无法移交场地或停工现象时,就给承包商提供了索赔增加工程项目收益的机遇。

业主提供材料的移交

由于供水项目独有的特点,管道和配件等材料的比重,在整个项目中占了很大的比例。一般情况下,都会由业主另外采购,然后移交给承包商。在这个过程中牵涉到两个方面的问题:

关于移交材料给承包商的费用

供水项目的管道及配件,一般数量巨大,本项目管道及配件造价占合同价的比重几乎高达100%了。在由业主移交给承包商的过程及后期的管理和使用过程中，所发生的费用也是比较大的，这就要求承包商在合同签署之前就要明确这部分费用的计算和支付方式。

在这个项目中，在规范中明确地写出了关于管道和配件材料的移交和后期的管理、使用，应该有单独的项目列在量单里。但是实际上，在量单里并没有单列这样一个费用项目。在签署合同时，出于以后索赔的思想，我们也没有在合同签署前的多次答疑会上和书面的来往信件中提到这个问题。但是，在项目开工以后，也没能在这个问题上得到一个满意的结果。到最后也只能与业主达成了管道和配件不移交，承包商只根据实际需要领用，仅承担运输费用，不承担保管费用这样一个非常失利的结果。而仅仅是DCI球墨铸铁管道的转运一项，由于运输距离太远，我们发生的费用就在百万美元以上，这还不包括到现场的二次转运、现场的保管费用等等。同时还占用了大量的人力和设备资源。

虽然现在我们已经就这个问题及一些其他问题提交索赔报告，但聘请三个欧洲的国际仲裁员以及相关的花费也是一笔可观的费用（1500美元/日·人），而且还不能保证最后的结果一定能够很理想。所以我们认为，类似的问题，最好是在合同签署之前，就予以解决比较理想。可以避免在项目执行过程中，为了这种问题去耗费过多的精力和资源，并且直接影响到与业主和监理的合作关系。

业主移交材料的质量问题

在这个项目里，业主准备移交的PVC管道，在初次的联合检查过程中，没有使用任何仪器和工具，就发现了40%以上的变形和损坏情况，完全不具备移交条件。像这种材料，一旦移交给承包商，那所有的质量问题的责任，以及处理这些缺陷所发生的费用，就全部转嫁到了承包商身上，这种情况承包商一定要设法避免。

针对这种情况，我们对业主提出了明确的移交和使用条件：

要求业主提供所有管道和配件的出厂合格证明和原厂质量试验的检验报告；

要求业主把所有种类的管道和配件取样，送到当地国的国家试验室，进行相关的技术检验，并取得经确认的质检报告；

业主需要向承包商提供各种规格的管道和配件的原产厂的使用说明手册和技术规范，并提供由原产厂家发出的专用检查工具，以方便承包商在领用材料时，对材料进行详细检查；

如果业主无法满足承包商所提出的检验要求，承包商将无法为管道安装完毕后的管道试压承担任何责任。

到最后，在管道通过了试验室检验和现场水压实验后，本着双方合作的原则，我们根据厂家的技术说明，加工了专用的检查工具，对管道和配件进行了全面检查。对所有有严重质量缺陷的管道，全部予以退回，差额由业主另外采购补齐；对有质量缺陷，但经校正仍能使用的，由承包商进行修整，但业主适当提高了安装费用，才使得问题最终得以解决。

有关水压试验

作为供水项目，最大的难题恐怕还是水压实验。一个是所需要的水量巨大，不易完全满足；另一方面做水压实验所需要的时间甚至比整个工程所需要的时间更多，本项目水压实验的标准采用E国当地标准，非常严格。

本合同中，关于水压实验的规定是：每个试压段长度不大于500m，而且全部管线都需要做水压实验，如果不能及时地完成试压工作，监理有权停止后续工作。这产生了两个问题：

(1) 每个实验段长度500m并不适合现场的实际工作情况。因为工作段的长度是跟阀门的安装位置有关的，距离近的只有200m，而远的有3km。

(2) 不算PVC管道，仅95km的DN600球磨铸铁管，全部注水就需要28000m³。先不说在缺水的国家，找如此多水的困难，就是有了水，仅灌注就要1年的时间。这还是算连续灌注，如果考虑试压过程，所花的时间无法估计。

针对第一个问题,我们先选择了较短的施工段,进行了数次水压实验,并且都取得了成功。在此基础上,我们从技术的角度出发,经过与监理的多次沟通和交流,并准备了详细的试压技术方案,最终取得了监理的谅解,以施工段作为试压段,按实际的管线段长度进行试压。对于第二个问题,就比较麻烦了。监理一直要求按规范全部管道做试压,而我们就提出了水的来源问题和时间问题,希望监理考虑能以抽查的形式来做试压,但监理一直不与认可。经协商,监理同意由监理选择条件最难的地段,高差大、弯头多,来做高压的实验。并且在连续三次高压实验通过以后,对做实验的态度有所转变,对承包商的施工质量也有了更多的信心。但时至今日,在这个问题上仍没有得到最后的解决,只是监理不急催我们做实验了。所以这个问题是任何承包商在做供水项目时,都要从头就开始考虑的关键问题,如何找到合适的解决方案,以不至于影响现场施工。

主要材料的调价

在一些不发达国家,一般所需的主要建筑材料,如水泥、钢材等,国内都无法满足或价格波动极大,并且质量还不能保证。这样就给承包商的工作带来了很大的困难,面临成本增加和因材料到位不及时影响工程进度的双重问题。

我们项目所在E国,一共只有三个水泥厂,产量远远不能满足国内的需求。而这个国家还对水泥的进口有着严格的限制,不允许承包商自行进口水泥。在这种不利的情况下,经过我们的现场调查发现,在项目所在地,正好有一个水泥厂,但产量低、质量不稳定。于是我们在提交的放入合同的施工技术说明里,明确地写明项目所需水泥,全部从该水泥厂进货。

在随后的项目执行过程中,果然发生了水泥供应不够量、质量不达标、做出来的配合比不合格的情况。并且在开工半年后,发生了当地全国范围内的水泥短缺问题,价格飞涨。如水泥从780当地币/t提升到2350当地币/t,造成项目长时间因此而延误。在这种情况下,业主和监理提出要从其他水泥厂采购水泥来做主体工程,本地水泥厂的水泥只能用于附属结构物上。由此就产生了采购价格的升高和运输费用两块增加的内容。由于在合同里我们明确说明了水泥的来源,在这个问题上,相对比较容易地就与业主达成了协议,由业主支付水泥因全国短缺造成的涨价和从外地运输到工地的运输费用,避免了一个重大的损失。

一些关于时间性的规定也要特别注意

例如工程延误的提前警告、索赔的提前预警、以及工程变更发生时在规定的时间里及时提出报价等等。这些情况在跟监理和业主合作愉快的时候都不是问题,但一旦发生矛盾,就可以成为对方攻击的武器或者直接作为拒绝的理由。所以承包商应当在日常的工作中吃透合同并在合同中定义好相关条款,特别注意不能因一时的环境条件的顺利而麻痹大意。

在执行该供水项目2年的全过程中,主要的关键问题在于对该国水务合同的全面理解,这是中资公司在国外开拓市场遇到的普遍难题,为更好地、顺利地执行好供水项目,获得最佳、最大的经济效益,应做好:

(1)精读研讨该国水资源部颁发的水务合同并逐条进行分析其潜在的合同风险所在,据此采取有针对性的应对措施;

(2)投标前一定做好该项目的市场调研工作,特别是供水项目的材料和另配件供应渠道问题应有专人负责并给予更多关注;

(3)吸取兄弟公司在E国的宝贵经验教训,取长补短,这一条至关重要,如协调好关系必能少花代价、少走弯路;

(4)精心组织强化管理,争取更大效益,包括经济效益、社会效益和环境效益等。一般情况下水资源项目的利润是利好较大的、受到当地社会欢迎的项目,只要精心组织、管理到位、制度健全就会得到多赢的结果。

国际工程承包市场的发展趋向

◆ 方 纹

在全球建筑市场竞争日趋激烈，市场进一步向综合化方向发展的形势下，国际工程承包市场和国际工程设计市场也发生了一些较大的变化，主要表现在以下几个方面：

一、新承包工程方式不断产生

在经济全球化快速发展的当今世界，工程项目日益大型化、复杂化，在这种情形下，业主寻求的并不是单纯的低成本，还有风险、耗费的精力等方面的考虑。业主希望项目能够由一方总负责，不愿同太多的工程公司打交道，只同总协调人发生联系。因此，可以预测未来的工程将出现大量的总承包模式和施工管理模式，提供设计-采购-施工一条龙服务的承包服务将越来越受欢迎。目前国际上的这种工程总承包方式主要有EPC、PM、CM和BOT等：

二、公司结构发生变化

承包工程方式的变化促使国际工程公司的组织结构发生变化。随着跨国公司战略结构的调整，国际承包商也根据自身业务发展的需要，进行并购或联合，增强实力，以应对未来的竞争。但是，由于承包工程行业自身的特点，大规模合并不一定合适，未来建筑公司的规模不一定大型化，因为航空母舰与小舢板各有优势。一些小型公司在满足顾客的要求上更具灵活性。目前国际承包工程公司与工程设计公司正在致力于在全球范围内调整结构，提高效益，而不是一味地扩大规模。

新兴的国际承包工程方式促使新型承包商的应运而生。在未来的国际承包商中有这样一类公司，即具备科研设计开发功能、工程管理功能、投资融资功能和跨国经营功能的企业集团，我们称之为国际工程管理公司。

PMC即项目管理总承包公司，是由一个(或几个)有资格的工程公司或咨询公司派出项目管理专家组成的公司，通过规范的竞标程序从业主处得到项目，负责对项目的全过程实施管理。其工作除了通常的项目管理外，还包括项目资金筹措、替业主承担责任、分担风险等内容。与EPC方式相比，PMC承包商以拥有资信、人才、知识、经验、信息等资源为后盾，某个PMC只是它承担的若干项目之一，公司的各种资源可以在不同的项目之间灵活调配，其资源的利用率高于其他方式。PMC多用于规模庞大、技术内容复杂的超大型项目。

三、融资能力成为承包商取得项目的关键

项目融资的发展，是经济发展的大趋势。未来的建筑市场，不管是政府项目，还是私人项目，都将更多地要求承包商带资承包。融资能力已经成为赢得工程的关键因素。通过融资可以给各方带来利益，分担风险，还可以加快工程建设，为经济的发展提供条件。国际上大项目更是倾向于共同开发，共担风险，共享利润。

融资方式多种多样，项目融资的方式主要有：融资租赁、出口信贷、发行证券等。除BOT项目和BOOT、BOO方式外，还有TOT(移交-经营-移交)、PPP(私人建设-政府租赁-私人经营)等等。担保和支持是项目融资的核心问题，金融机构是承包公司强大的后盾。

市场竞争激烈，带资项目增加，导致公司利润下降，项目承包带资承包，已成中标关键。国际承包工程市场上近年来现汇项目减少，带资承包项目增多。市场竞争越来越激烈，很多项目需要承包商或设计

商来带资承揽。即使是国际金融组织出资的项目，提供的资金也只占项目资金的30%~40%；其余资金仍需受援国自己筹措。能否为业主解决资金困难，已成为承包商是否能够中标的关键。BOT方式也是承包商带资承包的一种方式，并在那些资金缺乏的第三世界国家逐渐流行。此外，为了适应市场变化，许多大承包公司开始采用与金融机构联合经营，取得银行财产的支持，弥补公司自身资金不足，以满足带资承包的要求，获取难以得手的项目。

20世纪70年代后期和20世纪80年代初，为国际承包市场有史以来的辉煌时期，发达国家的承包商在这一时期不断发展壮大，而发展中国家的承包商也羽翼渐丰，加入了市场竞争行列。与此同时，保护主义盛行，更加剧了市场竞争。为了争夺项目，承包商往往甘冒风险，降低标价。过去承包商的利润在20%左右，目前仅3%~5%。利润率下降，导致风险增大，使得一些实力较弱的中小型公司破产。一些大的公司也在抱怨，在这样的经营环境中难以维持下去。

四、建筑业技术革命方兴未艾，企业增加科技投入，抢占制高点

建筑业的发展离不开科技的推动与支撑。科技能使建筑业提高质量，降低成本，缩短项目周期，更快地交付使用。在电子网络不断发展的今天，建筑业只有跟上时代发展的步伐，才有可能在新世纪到来之际不被淘汰。

（1）多媒体的发展给人们展示了一个前所未有的世界，建筑业的发展必须紧跟其上。多媒体在建筑业的运用包括几个方面：第一，运用专门软件进行工程报价和投标工作，准确、迅速、广泛，可以使工程提前施工和交付使用，从而节省成本。第二，运用专门的设计软件设计工程项目，省时、省力，精确程度前所未有，还可以通过电子网络，征求分布于全球各地的专家的意见。第三，通过电子商务系统，对于项目建设需要的设备、材料进行全球范围内的采购，也可以减少中间环节，缩短时间、节约成本。第四，运用电子管理系统，通过电脑远程管理平台，实现"在线管理"方式，可以纵览全球各国的工程进展情况，使PMC方式成为可能，同时大大降低管理成本和劳动力成本。

（2）建筑材料的新发展。科技进步产生了更多的新型建筑材料，在更高层次上满足人们的需求，并更加符合环保要求。科技的发展和电子网络的运用，将促进建筑业更多地采用总承包项目。目前，国际上大型承包公司莫不加大对科技的投资，以获得更多的专利技术，在竞争日益激烈的国际市场上占领制高点；同时，增加对电子管理系统的投入，通过网络缩小国与国之间的距离，提高效率。

（3）普通土建工程减少，技术项目增加。科技领先和管理先进已成为企业取胜的法宝。基于西方国家基础建设工程大大减少，中东地区国家经过20世纪70年代以来的建设，基础设施工程也已大部分完成，加之大部分发展中国家财政困难，发展受阻，国际上大规模的土建工程日趋减少。近年来，西方国家和新兴工业国家在产业结构调整、产品更新换代上下功夫，而发展中国家则重点发展一些技术或资本密集型的能源、交通、化工、通信等项目，这些项目技术要求高，资金需求大。此外，对已建成设施的改建、扩建、维修、保养、操作、管理需求也明显上升。因而，国际工程承包市场已基本形成了技术、资本密集型为主的需求结构市场。

五、建筑业面临着国际性的人才短缺问题

建筑业的发展有赖于人力资源，而在现实中，最让承包商头疼的是发现和留住人才。从建筑市场的发展看，未来将缺乏技术熟练、富有创造力和忠心耿耿的职员，优秀人才的短缺更加突出。这对全球建筑业的发展将形成很大的威胁。行业的并购、新兴产业的出现，促使队伍中不安定的成分增加，过去公司注意培训年青人，并委以重任，使其对公司忠诚不二，一般都效力20年以上，如今却只有5年的时间。建筑业本身的形象也影响了其对人才的吸引力。

六、环保在承包工程项目中的地位日益重要

人类的进步、科技的发展，一方面给全球的生态带来了严重的负面影响，同时也给未来的发展提出了新的课题，如何保护生态、减少污染已成为各国政府普

遍关注的问题,环保成为国际上新兴的朝阳产业。在国际工程市场上,一方面越来越多的环保工程应运而生,如污水处理、危险废物处理;另一方面,越来越多的项目要求承包商必须具备 ISO 14000 质量认证,文明施工,减少过去承包工地尘土飞扬的现象并尽量减少噪声污染,同时,在使用的建材方面要符合环保要求,不能对环境和人体健康有不利影响。

七、劳务人员技术化趋向明显,建筑普通劳务需求减少

世界科技日益发展,推动着发达国家和新兴工业国产业结构的不断调整,技术密集型项目增多,因而对各种层次的技术型劳务需求上升。中东地区主要基础设施陆续完工,对建筑工人和普通劳务需求比例相应减少,而对维修与保养、操作与管理等方面的技术型劳务要求增加。广大发展中国家,自身拥有充足的普通劳动力,而自身培养和造就的高技术人才外流现象严重,本身所缺乏的主要是技术和管理型高级劳务人员。西方发达国家对移民限制愈趋严格,移民法也在不断修改,这主要是限制外籍劳务流入与本国人竞争就业机会,以减少高失业率的压力,而对所缺乏的高技术人才却网开一面。据世界银行统计,美国引进的外籍劳务 60% 以上是技术人员和专业人员。

八、电子网络技术的应用促进了建筑业的变革

在工程招投标领域,招标信息可以迅速发送到世界各地,图纸、标书可以即时传递。在项目设计和管理过程中,可以作出精确预测和控制。通过远程操作平台的运用更可以拉近几大洲的距离。据测算,由于电脑可以 24 小时不间断工作,就使得公司的投入产出比例由过去的 1:2 提高到现在的 1:6。

国际工程承包的特点

一、系统工程

从事国际工程的人员既要求掌握某一个专业领域的技术知识,又要求掌握涉及到项目管理、法律、金融、外资、保险、财会等多方面的其他专业的知识。从工程项目准备到项目实施,中国项目管理过程十分复杂,因而国际工程是跨多个学科的、对人才素质有很高要求的复杂的系统工程。

二、跨国的经济活动

国际工程是一项跨国的经济活动,涉及到不同的国家、不同的民族、不同的政治和经济背景、不同参与单位的经济利益,因而合同中有关各方不容易相互理解,常常产生矛盾和纠纷。

三、严格合同管理

由于不止一个国家的单位参与,不可靠行政管理的方法,而必须采用国际上多年来业已形成惯例的、行之有效的一整套合同管理方法。采用这套办法要求从前期招标文件准备到招标、投标、评标花费比较多的时间,但却为以后订好合同,从而在实施阶段严格按照合同进行项目管理打下一个良好的基础。

四、风险与利润并存

国际工程是一个充满风险的事业,每年国际上都有一批工程公司倒闭,又有一批新的公司成长起来。一项国际工程如果订好合同、管理得当也会获得一定的利润,因此一个公司要能在这个市场中竞争并生存,就需要努力提高公司和成员的素质。

五、发达国家垄断

国际工程市场是从西方发达国家许多年前到国外去投资、咨询和承包开始的,他们凭借雄厚的资本、先进的技术、高水平的管理和多年的经验,占有绝大部分国际工程市场,我们要想进入这个市场就需要付出加倍的努力。

六、国际工程市场总体上是一个持续稳定的市场

国际工程市场遍布五大洲,虽然每个地区的政治形势和经济形势不一定十分稳定,但某些地区,或是一个地区的许多国家是稳定的,就全球来说,只要不发生世界大战,尽管国家资金流向可能有所变动,但很大一笔投资是用于建设的,因而可以说国际工程市场总体来说是稳定的。从事国际工程的公司必须加强调查研究,善于分析市场形势,捕捉市场信息,不断适应市场变化形势,才能立于不败之地。

国际工程大型投资项目管理模式探讨

◆ 陈柳钦

(天津社会科学院,天津 300191)

摘 要:本文列举了十种目前比较流行或者发展趋势良好的国际工程大型投资项目管理模式,分析了它们的组织结构模式,并比较了各种模式的优劣、适应范围,力求为业主和承包商们在工程施工过程中的管理上作出正确选择提供依据。

关键词:国际工程;项目;项目管理;模式

国际工程项目管理模式指国际上从事工程建设的大型工程公司或管理公司对项目管理的运作方式。目前,人们利用各种项目管理软件,力图从实用的角度分析在工程项目管理过程中,从进度计划的编制、进度、费用控制、实际进度分析等方面完善项目管理。但是,任何项目管理都有一定的思想和方法,而采用国家通用的、最切合业主实际的管理思想和方法的管理软件才是有生命力的。近年来,一些国际上比较先进的工程公司为适应项目建设大型化、一体化以及项目大规模融资和分散项目风险的需要,推出了一些成熟的项目管理方式。本文介绍国际上传统的和近年来发展应用较多的项目管理模式的主要情况,以供项目建设者及承包商进行决策时参考。

一、DBB模式

设计-招标-建造模式(Design-Bid-Build, DBB)是一种传统的模式,在国际上比较通用,世界银行、亚洲开发银行贷款项目和采用国际咨询工程师联合会(FIDIC)的合同条件的项目均采用这种模式。这种模式最突出的特点是强调工程项目的实施必须按设计-招标-建造的顺序方式进行,只有一个阶段结束后另一个阶段才能开始。采用这种方法时,业主与设计机构(建筑师/工程师)签订专业服务合同,建筑师/工程师负责提供项目的设计和施工文件。在设计机构的协助下,通过竞争性招标将工程施工任务交给报价和质量都满足要求且/或最具资质的投标人(总承包商)来完成。在施工阶段,设计专业人员通常担任重要的监督角色,并且是业主与承包商沟通的桥梁(图1)。《FIDIC 土木工程施工合同条件》代表的是工程项目建设的传统模式,同传统模式一样采用单纯的施工发包,在施工合同管理方面,业主与承包商为合同双方,工程师处于特殊的合同地位,对工程项目的实施进行监督管理。

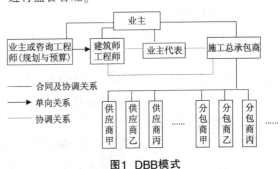

图1 DBB模式

DBB 模式的优点是:参与项目的三方即业主、设计机构(建筑师/工程师)、承包商在各自合同的约定下,各自行使自己的权利和履行着义务。因而,这种模式可以使三方的权、责、利分配明确,避免了行政部门的干扰。由于受利益驱使以及市场经济的竞争,业主更愿意寻找信得过、技术过硬的咨询设计机构,这样具有一定势力的设计咨询公司应运而生。由于长期地、广泛地在世界各地采用,因而管理方法较成熟,各方都对有关程序熟悉;可自由选择咨询设计人员,对设计要求可进行控制;可自由选择监理人员监理工程。DBB模式的缺点是:这种模式在项目管理方面的技术基础是按照线性顺序进行设计、招标、施工的管理,建设周期长,投资成本容易失控,业主单位管理的成本相对较高,建筑师/工程师与承包商之间协调比较困难。由于建造商无法参与设计工作,设计的"可施工性"差,设计变更频繁,导致设计与施工的协调困难,可能发生争端,使业主利益受损。另外,项目周期长,业主管理费较高,前期投入较高;变更时容易引起较多的索赔。

二、DB模式

设计-建造(Design-Build,DB)模式是近年来在国际工程中常用的现代项目管理模式,它又被称为设计和施工(Design-Construction)、交钥匙工程(Turnkey)、或者是一揽子工程(Package Deal)。通常的做法是,在项目的初始阶段,业主邀请一位或者几位有资格的承包商(或具备资格的管理咨询公司),根据业主的要求或者是设计大纲,由承包商或会同自己委托的设计咨询公司提出初步设计和成本概算。根据不同类型的工程项目,业主也可能委托自己的顾问工程师准备更详细的设计纲要和招标文件,中标的承包商将负责该项目的设计和施工。DB模式是一种项目组织方式,业主和DB承包商密切合作,完成项目的规划、设计、成本控制、进度安排等工作,甚至负责土地购买、项目融资和设备采购安装。DB模式的管理方式在国际工程中越来越受到欢迎,其涉及范围不仅包括了私人投资的项目,而且也广泛运用于政府投资的基础设施项目。

FIDIC《设计-建造与交钥匙工程合同条件》中规定,承包商应按照雇主的要求,负责工程的设计与实施,包括土木、机械、电气等综合工程以及建筑工程。这类"交钥匙"合同通常包括设计、施工、装置、装修和设备,承包商(工程项目管理公司)应向雇主提供一套配备完整的设施,且在转动"钥匙"时即可投入运行。这种方式的基本特点是在项目实施过程中保持单一的合同责任,不涉及监理,大部分实际施工工作要以竞争性招标方式分包出去(图2)。

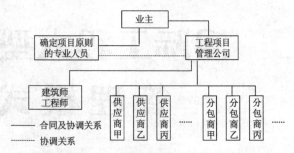

图2 DB模式的组织形式

DB管理模式的主要特点是业主和一实体采用单一合同(Single Point Contract)的管理方法,由该实体负责实施项目的设计和施工。一般来说,该实体可以是大型承包商、具备项目管理能力的设计咨询公司,或者是专门从事项目管理的公司。这种模式主要有两个特点:(1)具有高效率性。一旦合约签订以后,承包商就据此进行施工图的设计,如果承包商本身拥有设计能力,就促使承包商积极地提高设计质量,通过合理和精心的设计创造经济效益,往往达到事半功倍的效果。如果承包商本身不具备设计能力和资质的,就需要委托一家或几家专业的咨询公司来做设计和咨询,承包商作为甲方的身份进行设计管理和协调,使得设计既符合业主的意图,又有利于施工和节约成本,使得设计更加合理和实用,避免了两者之间的矛盾。(2)责任的单一性。从总体来说,建设项目的合同关系是业主和承包商之间的关系,业主的责任是按合约规定的方式付款,总承包商的责任是按时提供业主所要的产品。承包商对于项目建设的全过程负有全部的责任,这种责任的单一性避免了工程建设中各方相互矛盾和扯皮,也促使承包商不断提高自己的管理水平,通过科学的管理创造效益。相对于传统的管理方式来说,承包商拥有了更大的权利,它不仅可以选择分包商和材料供应商,而且还有权选择设计咨询公司,但最后需要得到业主的认可。这种模式解决了机构臃肿、层次重叠、管理人员比例失调的现象。

三、CM管理模式

建设管理模式即CM(Construction Management)模式,就是在采用快速路径法进行施工时,从开始阶段就雇用具有施工经验的CM单位参与到建设工程实施过程中来,以便为设计人员提供施工方面的建议且随后负责管理施工过程。这种模式改变了过去那种设计完成后才进行招标的传统模式，采取分阶段发包，由业主、CM单位和设计单位组成一个联合小组，共同负责组织和管理工程的规划、设计和施工。CM单位负责工程的监督、协调及管理工作，在施工阶段定期与承包商会晤，对成本、质量和进度进行监督，并预测和监控成本和进度的变化。CM模式是1968年由美国的Charles B Thomsen开创的，1981年Charles B Thomsen在代表作《CM：Developing, Marketing, and Developing Construction Management Services》一书中指出CM的全称应为："Fast-Track-Construction Management"。他认为，在这一模式中"项目的设计过程被看作一个由业主和设计人员共同连续地进行项目决策的过程。这些决策从粗到细，涉及到项目各个方面，而某个方面的主要决策一经确定，即可进行这部分工程的施工。"CM模式在美国、加拿大、欧洲和澳大利亚等许多国家，广泛地应用于大型建筑项目的承发包和项目管理上，比较有代表性的是美国的世界贸易中心和英国诺丁安地平线工厂。在20世纪90年代进入我国之后，CM模式得到了一定程度上的应用，如上海证券大厦建设项目、深圳国际会议中心建设项目等。CM管理模式在国内被译为建设工程管理模式：如果采取此管理模式，业主从项目决策阶段就聘请具有工程经验的咨询人员(CM经理)参与到项目实施过程中，为设计专业人员(建筑师)提供施工方面的建议，并负责施工过程的管理。

从国际上的应用实践看，CM的应用模式多种多样，业主委托工程项目管理公司（以下简称CM公司）承担的职责范围非常广泛也非常灵活，所以，对CM的应用模式进行完整的分类是困难的。我们根据合同规定的CM经理的工作范围和角色，可将CM模式分为代理型建设管理（"Agency"CM）和风险型建设管理（"At_Risk"CM）两种方式：(1)代理型建设管理（"Agency"CM）方式。在此种方式下，CM经理是业主的咨询和代理。业主和CM经理的服务合同规定费用是固定酬金加管理费。业主在各施工阶段和承包商签订工程施工合同。业主选择代理型CM往往主要是因为其在进度计划和变更方面更具有灵活性。采用这种方式，CM经理可只是提供项目某一阶段的服务，也可以提供全过程服务。无论施工前还是施工后，CM经理与业主都是信用委托关系，业主与CM经理之间的服务合同是以固定费和比例费的方式计费。施工任务仍然大都通过投竞标来实现，由业主与承包商签订工程施工合同。CM经理为业主管理项目，但他与专业承包商之间没有任何合同关系。因此，对于代理型CM经理来说，经济风险最小，但是声誉损失的风险很高。(2)风险型建设管理（"At_Risk"CM）方式。采用这种形式，CM经理同时也担任施工总承包商的角色，一般业主要求CM经理提出保证最高成本限额(GMP：Guaranteed Maximum Price)，以保证业主的投资控制，如最后结算超过GMP，则由CM公司赔偿；如低于GMP，则节约的投资归业主所有，但CM公司由于额外承担了保证施工成本风险，因而能够得到额外的收入。有了GMP，业主的风险减少了，而CM经理的风险则增加了。风险型CM中，各方的关系基本上介于传统的DBB模式与代理型CM模式之间，风险型CM经理的地位实际上相当于一个总承包商，他与各专业承包商之间有着直接的合同关系，并负责使工程以不高于GMP的成本竣工，这使得他所关心的问题与代理型CM经理有很大不同，尤其是随着工程成本越接近GMP上限，他的风险越大，他对利润问题的关注也就越强烈(图3)。

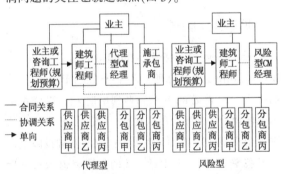

图3 CM模式的2种组织形式

CM管理模式的优点在于：(1)建设周期短。这是CM模式的最大优点。在组织实施项目时，打破了传统的设计-施工的线性关系，代之以非线性的阶段施工法(Phased Construction)。CM模式的基本思想就是缩短工程从规划、设计、施工到交付业主使用的周期，即采用Fast-Track方法，设计一部分，招标一部分，施工一部分，实现有条件的"边设计、边施工"。在这种方法中,设计与施工之间的界限不复存在,二者在时间上产生了搭接,从而提高了项目的实施速度和缩短了项目的施工工期。(2)CM 经理的早期介入。CM 模式改变了传统管理模式中项目涉及的各方关系、依靠合同调解的做法,代之以依赖建筑师和(或)工程师、CM 经理和承包商在项目实施中的合作,业主在项目的初期就选定了建筑师和(或)工程师、CM 经理和承包商,由他们组成具有合作精神的项目组,完成项目的投资控制、进度计划与质量控制和设计工作,这种方法被称为项目组法。CM 经理与设计单位是相互协调关系,CM 单位在一定程度上不是单纯按图施工,它可以通过合理化建议来影响设计。CM 管理模式的缺点在于:(1)对 CM 经理的要求较高。CM 经理所在单位的资质和信誉都应该比较高,而且具备高素质的从业人员。(2)分项招标导致承包费高。

CM 模式可以适用于:(1)设计变更可能性较大的建设工程;(2)时间因素最为重要的建设工程;(3)因总的范围和规模不确定而无法准确定价的建设工程。采用 CM 模式,项目业主把具体的项目建设管理的事务性工作通过市场化手段委托给有经验的专业公司,不仅可以降低项目建设成本,而且可以集中精力做好公司运营。所以,模式符合我国建筑市场发展的需要,必然会在我国的建设市场得到广泛应用。

四、BOT 模式

建造－运营－移交(Build－Operate－Transfer,BOT)模式由土耳其总理土格脱·奥扎尔于 1984 年首次提出。20 世纪 80 年代初期到中期,项目融资在全球范围内处于低潮阶段。在这一阶段,虽然有大量的资本密集型项目,特别是发展中国家的基础设施项目在寻找资金,但是,由于世界性的经济衰退和第三世界债务危机所造成的影响,如何增加项目抗政治风险、金融风险、债务风险的能力,如何提高项目的投资收益和经营管理水平,成为银行、项目投资者、项目所在国政府在安排融资时所必须面对和解决的问题。BOT 模式就是在这样的背景下发展起来的一种主要用于公共基础设施建设的项目融资模式。BOT 模式的基本思路是:由项目所在国政府或所属机构为项目的建设和经营提供一种特许权协议作为项目融资的基础,由本国公司或者外国公司作为项目的投资者和经营者安排融资,承担风险,开发建设项目,并在有限的时间内经营项目获取商业利润,最后根据协议将该项目转让给相应的政府机构(图 4)。

BOT 模式一出现,就引起了国际金融界的广泛重视,被认为是代表国际项目融资发展趋势的一种新型结构。BOT 广泛应用于一些国家的交通运输、自来水处理、发电、垃圾处理等服务性或生产性基础设施的建设中,显示了旺盛的生命力。BOT 模式不仅得到了发展中国家政府的广泛重视和采纳,一些工业国家政府也考虑或计划采用 BOT 模式来完成政府企业的私有化过程。迄今为止,在发达国家和地区已进行的 BOT 项目中,比较著名的有横贯英法的英吉利海峡海底隧道工程、香港东区海底隧道项目、澳大利亚悉尼港海底隧道工程等。20 世纪 80 年代以后,BOT 模式得到了许多发展中国家政府的重视,中国、马来西亚、菲律宾、巴基斯坦、泰国等发展中国家都有成功运用 BOT 模式的项目。如中国广东深圳的沙角火力发电厂 B 厂、马来西亚的南北高速公路及菲律宾那法塔斯(Novotas)一号发电站等都是成功的案例。BOT 模式有时被看作是私有化的一种形式,其实这更多的是一种误解。BOT 模式的一个重要特征是运营中的项目将被转让给相应的政府机构。除非特许期的长度接近项目生命期的长度。所以最好认为 BOT 项目是一种公有部门的项目,但在有限的一段时间(开发期、运营初期)内寻求私人的支持。BOT 模式主要用于基础设施项目包括发电厂、机场、港口、收费公路、隧道、电信、供水和污水处理设施等,这些项目都是一些投资较大、建设周期长和可以自己运营获利的项目。

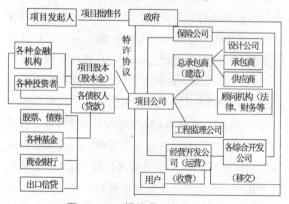

图 4 BOT 模式典型结构框架

BOT方式优点:(1)降低政府财政负担。通过采取民间资本筹措、建设、经营的方式,吸引各种资金参与道路、码头、机场、铁路、桥梁等基础设施项目建设,以便政府集中资金用于其他公共物品的投资。项目融资的所有责任都转移给私人企业,减少了政府主权借债和还本付息的责任。(2)政府可以避免大量的项目风险。实行该种方式融资,使政府的投资风险由投资者、贷款者及相关当事人等共同分担,其中投资者承担了绝大部分风险。(3)组织机构简单,政府部门和私人企业协调容易。(4)项目回报率明确,严格按照中标价实施,政府和私人企业之间利益纠纷少。(5)有利于提高项目的运作效率。项目资金投入大、周期长,由于有民间资本参加,贷款机构对项目的审查、监督就比政府直接投资方式更加严格。同时,民间资本为了降低风险、获得较多的收益,客观上就更要加强管理、控制造价,这从客观上为项目建设和运营提供了约束机制和有利的外部环境。(6)BOT项目通常都由外国的公司来承包,这会给项目所在国带来先进的技术和管理经验,既给本国的承包商带来较多的发展机会,也促进了国际经济的融合。

BOT方式缺点:(1)公共部门和私人企业往往都需要经过一个长期的调查了解、谈判和磋商过程,以致项目前期过长,使投标费用过高。(2)投资方和贷款人风险过大,没有退路,使融资举步维艰。(3)参与项目各方存在某些利益冲突,对融资造成障碍。(4)机制不灵活,降低私人企业引进先进技术和管理经验积极性。⑤在特许期内,政府对项目失去控制权。

五、EPC模式

设计-采购-建设即EPC(Engineering–Procurement–Construction)模式。"EPC"为英文"Engineering"、"Procurement"和"Construction"的缩写,国内习惯译为设计、采购和施工。在EPC模式中,Engineering不仅包括具体的设计工作,而且可能包括整个建设工程内容的总体策划以及整个建设工程实施组织管理的策划和具体工作;Procurement也不是一般意义上的建筑设备材料采购,而更多的是指专业设备、材料的采购;Construction应译为"建设",其内容包括施工、安装、试车、技术培训等。

由此可见,EPC合同条件更适用于设备专业性强、技术性复杂的工程项目,FIDIC《设计采购施工(EPC)/交钥匙工程合同条件》前言推荐此类合同条件:"可适用于以交钥匙方式提供加工或动力设备、工厂或类似设施、或基础设施工程或其他类型开发项目"。"这种方式,(i)项目的最终价格和要求的工期具有更大程度的确定性,(ii)由承包商承担项目的设计和实施的全部职责,顾主介入很少。交钥匙工程的通常情况是,由承包商进行全部设计、采购和施工(EPC);提供一个配备完善的设施,("转动钥匙"时)即可运行。"

EPC工程项目管理有以下主要特点:(1)业主把工程的设计、采购、施工和开车服务工作全部委托给工程总承包商负责组织实施,业主只负责整体的、原则的、目标的管理和控制。(2)业主可以自行组建管理机构,也可以委托专业的项目管理公司代表业主对工程进行整体的、原则的、目标的管理和控制。业主介入具体组织实施的程度较低,总承包商更能发挥主观能动性,运用其管理经验,为业主和承包商自身创造更多的效益。(3)业主把管理风险转移给总承包商,因而,工程总承包商在经济和工期方面要承担更多的责任和风险,同时承包商也拥有更多获利的机会。(4)业主只与工程总承包商签定工程总承包合同。设计、采购、施工的组织实施是统一策划、统一组织、统一指挥、统一协调和全过程控制的。工程总承包商可以把部分工作委托给分包商完成,分包商的全部工作由总承包商对业主负责。EPC模式还有一个明显的特点,就是合约中没有咨询工程师这个专业监控角色和独立的第三方,所以不再是FIDIC"红皮书"条件下的三角关系。EPC模式适用一般规模均较大、工期较长,且具有相当的技术复杂性的工程,如工厂、发电厂、石油开发等基础设施。

国际工程投资项目中一般都将工程的风险划分为业主的风险、承包商的风险、不可抗力风险(亦称为"特殊风险"),有时是明示的规定,有时是隐含在合同条款中。一般来说,在传统模式下,业主的风险大致包括:政治风险(如战争、军事政变等)、社会风险(如罢工、内乱等)、经济风险(如物价上涨、汇率波动等)、法律风险(如立法的变更)、外界(包括自然)风险等,其余风险由承包商承担,另外,出现不可抗力风险时,业主一般负担承包商的直接损失。但在 EPC 模式下,上述传统模式中的外界(包括自然)风险,经济风险一般都要求承包商来承担,这样,项目的风险大部分转嫁给了承包商,因此,一般来说,承包商在 EPC 模式下的报价要比在传统模式下的报价高,甚至高得很多。对业主来说,只要承包商的报价在其投资预算的范围内,他就可能接受,因为基本上固定不变的合同价使得业主要投资可行性和收益得到保证,但有时也可能会出现承包商报价太高,导致整个项目不可行的情况。

EPC 的利弊主要取决于项目的性质,实际上涉及到各方利益和关系的平衡,尽管 EPC 给承包商提供了相当大的弹性空间,但同时也给承包商带来了一定的风险。从"利"的角度看,业主的管理相对简单,因为由单一总承包商牵头,承包商的工作具有连贯性,可以防止设计者与施工者之间的责任推诿,提高了工作效率,减少了协调工作量。由于总价固定,基本上不用再支付索赔及追加项目费用(当然也是利弊参半,业主转嫁了风险,同时增加了造价)。从"弊"的角度看,尽管理论上所有工程的缺陷都是承包商的责任,但实际上质量的保障全靠承包商的自觉性,他可以通过调整设计方案包括工艺等来降低成本(另一方面会影响到长远意义上的质量),我们不能回避这个客观现实。因此,业主对承包商监控手段的落实十分重要,而 EPC 中业主又不能过多地参与设计方面的细节要求和意见。另外,承包商获得业主变更令以及追加费用的弹性也很小。

六、Partnering 模式

合伙(Partnering)模式于 20 世纪 80 年代中期首先出现在美国。该模式是在充分考虑建设各方利益的基础上确定建设工程共同目标的一种管理模式。它一般要求业主与参建各方在相互信任、资源共享的基础上达成一种短期或长期的协议,通过建立工作小组相互合作、及时沟通以避免争议和诉讼的产生,共同解决建设工程实施过程中出现的问题,共同分担工程风险和有关费用,以保证参与各方目标和利益的实现。

Partnering 模式是一种新的建设项目的管理模式。它是指项目参与各方为了取得最大的资源效益,在相互信任、相互尊重、资源共享的基础上达成的一种短期或长期的相互协定。这种协定突破了传统的组织界限,在充分考虑参与各方的利益的基础上,通过确定共同的项目目标、建立工作小组、及时地沟通以避免争议和诉讼的发生,培育相互合作的良好工作关系,共同解决项目中的问题,共同分担风险和成本,以促使在实现项目目标的同时也保证参与各方目标利益的实现。相对于传统的管理模式,Partnering 模式对于业主在投资、进度、质量控制方面有着非常显著的优越性。同时,Partnering 模式改善了项目的环境和参与工程建设各方的关系,明显减少了索赔和诉讼的发生。相对于承包商而言,Partnering 模式也能够提高承包商的利润。Partnering 模式具有:(1)双方的自愿性;(2)高层管理的参与;(3)信息的开放性等特征,它总是与其他管理模式结合使用的。该模式的特点决定了它特别适用于:(1)业主长期有投资活动的建设工程;(2)不宜采用分开招标或邀请招标的建设工程;(3)复杂的、不确定因素较多的建设工程;(4)国际金融组织贷款的建设工程。针对目前我国建筑市场混乱、各种承发包制度各有优缺点的情况,积极引进 Partnering 模式具有积极的意义。

七、PC 模式

项目总控(Project Controlling)是指以独立和公正的方式,对项目实施活动进行综合协调,围绕项目目标的投资、进度和质量进行综合系统规划,以使项目的实施形成一种可靠安全的目标控制机制。它通过对项目实施的所有环节的全过程进行调查、分析、建议和咨询,提出对项目的实施切实可行的建议实施方案,供项目的管理层决策。项目总控是在项目管理(Project Management)基础上结合企业控制论(Controlling)发展起来的一种运用现代信息技术为大型建设工程业主方的最高决策者提供战略性、宏观性和总体性咨询服务的新型组织模式。项目总控(Project Controlling)模式于 20 世纪 90 年代中期在德国首次出现并形成相应的理论。Peter Greiner 博士首次提出了 Project Controlling 模式,并将其成功应用于德国统一后的铁路改造和慕尼黑新国际机场等大型建设工程。

Project Controlling 模式是适应大型和特大型建设工程业主高层管理人员决策需要而产生的，是工程咨询和信息技术相结合的产物。它的核心就是以工程信息流处理的结果指导和控制工程的物质流。大型建设工程的实施过程中，一方面形成工程的物质流；另一方面，在建设工程参与各方之间形成信息传递关系，即工程的信息流。通过信息流可以反映工程物质流的状况。建设工程业主方的管理人员对工程目标的控制实际上就是通过及时掌握信息流来了解工程物质流的状况，从而进行多方面策划和控制决策，使工程的物质流按照预定的计划进展，最终实现建设工程的总体目标。基于这种流程分析，大型和特大型工程项目管理在组织上可分为两层：项目管理信息处理及目标控制层和具体项目管理执行层。项目总控模式的总控机构处于项目管理信息处理及目标控制层，其工作核心就是进行工程信息处理并以处理结果指导和控制项目管理的具体执行。项目总控以强化项目目标控制和项目增值为目的。该模式的基础是项目管理学、企业控制论和现代信息技术的结合。国际上已有多个大型建设工程应用项目总控取得成功。项目总控是以现代信息技术为手段，对大型建设工程信息进行收集、加工和传输，用经过处理的信息流指导和控制项目建设的物质流，支持项目最高决策者进行规划、协调和控制的管理模式。项目总控方实质上是建设工程业主的决策支持机构。项目总控模式，不能作为一种独立的模式，取代常规的建设项目管理，往往与其他管理模式同时并存。

项目总控的特点主要体现在以下几方面：(1)为业主提供决策支持。项目总控单位主要负责全面收集和分析项目建设过程中的有关信息，不对外发任何指令，对设计、监理、施工和供货单位的指令仍由业主下达。项目总控工作的成果是采用定量分析的方法为业主提供多种有价值的报告(包括月报、季报、半年报、年报和各类专用报告等)，这将是对业主决策层非常有力的支持。(2)总体性管理与控制。项目总控注重项目的战略性、总体性和宏观性。所谓战略性就是指对项目长远目标和项目系统之外的环境因素进行策划和控制。长远目标就是从项目全寿命周期集成化管理出发，充分考虑项目运营期间的要求和可能存在的问题，为业主在项目实施期的各项重大问题提供全面的决策信息和依据，并充分考虑环境给项目带来的各种风险，进行风险管理。所谓总体性就是注重项目的总体目标、全寿命周期、项目组成总体性和项目建设参与单位的总体性。所谓宏观性就是不局限于某个枝节问题，而是高瞻远瞩，预测项目未来将要面临的困难，及早提出应对方案，为业主最高管理者提供决策依据和信息。(3)关键点及界面控制。项目总控的过程控制方法体现了抓重点，项目总控的界面控制方法体现了重综合、重整体。过程控制和界面控制既抓住了过程中的关键问题，也能够掌握各个过程之间的相互影响和关系，这两方面的有机结合有利于加强各个过程进度、投资和质量的重要因素策划与控制，有利于管理工作的前后一致和各方面因素的综合，以作出正确决策。

八、PM模式

项目管理模式(Project Management,PM)模式是指项目业主聘请一家公司（一般为具备相当实力的工程公司或咨询公司）代表业主进行整个项目过程的管理，这家公司在项目中被称作"项目管理承包商"(Project Management Contractor),简称为PMC。PM模式PMC受业主的委托，从项目的策划、定义、设计到竣工投产全过程为业主提供项目管理承包服务。选用该种模式管理项目时，业主方面仅需保留很小部分的基建管理力量对一些关键问题进行决策，而绝大部分的项目管理工作都由项目管理承包商来承担。PMC是由一批对项目建设各个环节具有丰富经验的专门人才组成的，它具有对项目从立项到竣工投产进行统筹安排和综合管理的能力，能有效地弥补业主项目管理知识与经验的不足。PMC作为业主的代表或业主的延伸，帮助业主在项目前期策划、可行性研究、项目定义、计划、融资方案，以及设计、采购、施工、试运行等整个实施过程中有效地控制工程质量、进度和费用，保证项目的成功实施，达到项目寿命期技术和经济指标最优化。PM模式的主要任务是自始至终对一个项目负责，这可能包括项目任务书的编制、预算控制、法律与行政障碍的排除、土地资金的筹集等，同时使设计者、工料预测师和承包商的工作正确地分阶段进行，在适当的时候引入指定分包商的合同和任何专业建造商的单独合同,以使业主委托的活动得以顺利进行。PM模式的各方关系图如图5所示。

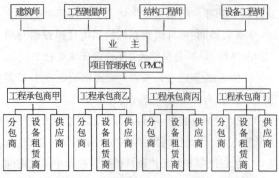

图5 PM模式的组织关系

PM通常用于国际性大型项目,适宜选用PMC进行项目管理的项目具有如下特点:(1)项目投资额大(一般超过10亿元)且包括相当复杂的工艺技术;(2)业主是由多个大公司组成的联合体,并且有些情况下有政府的参与;(3)业主自身的资产负债能力无法为项目提供融资担保;(4)项目投资通常需要从商业银行和出口信贷机构取得国际贷款,需要通过PMC取得国际贷款机构的信用,获取国际贷款;(5)由于某种原因,业主感到凭借自身的资源和能力难以完成的项目,需要寻找有管理经验的PMC来代业主完成项目管理,这些项目的投资额一般在5000万美元以上。总之,一个项目的投资额越高,项目越复杂且难度大,业主提供的资产担保能力越低,就越有必要选择PM进行项目管理。

采用PM模式的项目,通过PMC对环节的科学管理,可大规模节约项目投资:(1)通过项目设计优化,以实现项目寿命期成本最低。PMC会根据项目所在地的实际条件,运用自身的技术优势,对整个项目进行全方位的技术经济分析与比较,本着功能完善、技术先进、经济合理的原则对整个设计进行优化。(2)在完成基础设计之后通过一定的合同策略,选用合适的合同方式进行招标。PMC会根据不同工作包括设计深度、技术复杂程度、工期长短、工程量大小等因素综合考虑采取哪种合同形式,从而从整体上给业主节约投资。(3)通过PMC的多项目采购协议及统一的项目采购策略,降低投资。多项目采购协议是业主就一种商品(设备/材料)与制造商签订的供货协议。与业主签订该协议的制造商是该项目这种商品

(设备/材料)的惟一供应商。业主通过此协议获得价格、日常运行维护等方面的优惠。各个EPC承包商必须按照业主所提供的协议去采购相应的设备。多项目采购协议是PM项目采购策略中的一个重要部分。在项目中,要适量地选择商品的类别,以免对EPC承包商限制过多,直接影响积极性。PMC还应负责促进承包商之间的合作,以符合业主降低项目总投资的目标,包括最优化的项目中内容,以及获得合理ECA(出口信贷)数量和全面符合计划的要求。(4)PMC的现金管理及现金流量优化。PMC可通过其丰富的项目融资和财务管理经验,并结合工程实际情况,对整个项目的现金流进行优化。

九、PFI模式

PFI(Private Finance Initiative),即"私人主动融资",是英国政府于1992年提出的,其含义是公共工程项目由私人资金启动,投资兴建,政府授予私人委托特许经营权,通过特许协议政府和项目的其他各参与方之间分担建设和运作风险。它是BOT之后又一优化和创新了的公共项目融资模式。正如PFI的引入是为了增加私人部分在公共服务的提供方面的参与一样,政府采用PFI目的在于获得有效的服务,而并非旨在最终的建筑的所有权。在PFI下,公共部门在合同期限内因使用承包商提供的设施而向其付款。在合同结束时,有关资产的所有权或者留给私人部分承包商,或者交回公共部分,取决于原始合同条款规定。它是国际上用于开发基础设施项目的一种模式,其要领是利用私有资金来开发、实施、建设公共工程项目。

公共项目的委托特许经营被认为是200年来英国建筑业最具根本性的变革,英国政府要求公共工程项目在计划阶段,必须首先考虑采用PFI方式,除非经过政府的评估部门认可该项目不宜或不能或没有私人部门参与的情况下,才能采用传统的政府财政投资兴建的办法。PFI的目的在于通过公共部门和私营企业的伙伴关系来提高资金的利用率,从而实现价值的最大化。这一政策大大改变了英国的建筑活动方式。承包商必须以实现基础设施项目全寿命周期目标为核心而绝非单纯的营造,政府也得以从

传统模式下复杂全过程开发的重任中解脱出来去规划更多的项目。但最根本的改变还不在这里,在于PFI使得项目公司对项目全寿命成本进行集成化的考虑,从而使政府在整个项目投入的成本低于传统模式下的总成本。PFI是开发、建设和运营为核心的产业链条,承包商在PFI中获得的不单是某一环节的效益,而是不必再急着寻找下一个项目也能确保的长期回报;PFI的参与方丰富复杂:项目发起人、项目公司、投资银行、贷款银行、建设单位、设计单位、运营单位甚至用户。承包商无论是忝列其中还是兼任多角,都可以利用众多的参与方平衡和规避项目风险;私营化的体制使得回报率更可期待。当前在英国,最大型的项目来自国防部,例如空对空加油罐计划、军事飞行培训计划、机场服务支持等。更多的典型项目是相对小额的设施建设,例如教育或民用建筑物、警察局、医院能源管理或公路照明。较大一点的包括公路、监狱、和医院用楼。

PFI模式的优势在于:(1)它是一种吸收民间资本的有效手段。以潜在的巨大市场及利润吸引各种来源的私人资本,投资基础设施建设,这样既可以弥补本国建设资金的不足,也可以改变投资环境。(2)可减轻政府的财政负担。采用PFI方式建设的项目,其融资风险及责任均由投资者承担,政府不提供信用担保。因此它是降低政府财政负担和债务的一种良好方式。(3)有利于加强管理、控制成本。PFI项目可以引进先进的管理方法,提高项目建设速度与质量,降低工程成本,提供更好的服务,以较低的价格最终使消费者受益。PFI项目实行的项目管理方式,能集中与项目有关的各方面专家,有利于解决工程中出现的各种问题,从而实现降低成本、提高效益、创造利润的目的。(4)有利于引进先进的设计理念和技术设备。由于PFI方式采用"一揽子"总承包方式,在项目设计中,项目公司中的设计人员有时会带来新的设计观念,有助于产生优秀的设计,达到创新的目的,对整个项目建设起到极大促进作用。在PFI项目的实施中,项目公司为了加速PFI的施工进度,提高施工质量,或为了达标运营,必然会引进或开发研制先进技术设备、仪表仪器等。在项目公司建完项目后,施工设备一般要折价留给当地政府所属的企业单位,从而增加了地方的技术设备,另外更多设备经国外引进后装配在生产线上,从而提高了特许基建项目的技术质量水平,对政府推动技术进步产生积极影响。(5)PFI不会像BOT方式那样使政府在特许期内完全失去对项目所有权或经营权的控制,政府在特许权期间不出让项目的所有权,可随时检查PFI的工作进展。

PFI项目由于起源于英国,再加之英国政府大力宣传和推广,以PFI为方案的项目已经越来越多;但由于PFI项目的建设周期长,所以至今有近一半的项目还在进行中。当前PFI的一些热点问题讨论包括:(1)PFI是否提供了资金价值。在英国的许多研究统计机构经过对大量PFI案例的总结,发现PFI方式下的采购前期费用要远远高于常规采购方式的花费。这是因为PFI投标者需要提供的方案的要求比较高,这在一定程度上限制了招标的广泛性。(2)PFI融资是否是最经济的融资方式。一般认为,由于采用PFI融资方式客观上使得政府部门不用动用预算而获得所需服务。但是此种方式是否是最经济的,政府部门是否真正达到了"省钱"的目的,还有待项目的完成和项目带来的社会影响的评估。因为项目最终的服务将是政府部门出资购买的产品。(3)PFI应用的国别范围。PFI的根本在于政府从私人处购买服务,目前这种方式多用于社会福利性质的建设项目中,不难看出这种方式多被那些硬件基础设施相对已经较为完善的发达国家采用。比较而言,发展中国家由于经济水平限制,将更多的资源投入到了能直接或间接产生经济效益的地方,而这些基础设施在国民生产中的重要性很难使政府放弃其最终所有权。

十、PPP模式

国家私人合营公司(Private Public Partnership,PPP)模式是国际上新近兴起的一种新型的政府与私人合作建设城市基础设施的形式。其典型的结构为:政府部门或地方政府通过政府采购形式与中标单位组成的特殊目的公司签定特许合同(特殊目的公司一般由中标的建筑公司、服务经营公司或对项目进行投资的第三方组成的股份有限公司),由特殊目的公司负责筹资、建设及经营。政府通常与提供贷款的金融机构达成一个直接协议,这个协议不是对项目进行担保的协议,而是一个向借贷机构承诺将按与特殊目的公司签定的合同支付有关费用的协定,这个协议使特殊目的公司能比较顺利地获得金融机构的贷款。采用这种融资形式的实质是:政府通过给予私营公司长期的特许经营权和收益权来换取基础设施加快建设及有效运营。

PPP模式的目标有两种:一是低层次目标,指特定项目的短期目标;二是高层次目标,指引入私人部门参与基础设施建设的综合长期合作的目标。机构目标层次如表1所示。

PPP模式的组织形式非常复杂,既可能包括私人营利性企业、私人非营利性组织,同时还可能包括公共非营利性组织(如政府)。合作各方之间不可避免地会产生不同层次、类型的利益和责任的分歧。只有政府与私人企业形成相互合作的机制,才能使得合作各方的分歧模糊化,在求同存异的前提下完成项目的目标。PPP模式的机构层次就像金字塔一样,金字塔顶部是项目所在国的政府,是引入私人部门参与基础设施建设项目的有关政策的制定者。项目所在国政府对基础设施建设项目有一个完整的政策框架、目标和实施策略,对项目的建设和运营过程的参与各方进行指导和约束。金字塔中部是项目所在国政府有关机构,负责对政府政策指导方针进行解释和运用,形成具体的项目目标。金字塔的底部是项目私人参与者,通过与项目所在国政府的有关部门签署一个长期的协议或合同,协调本机构的目标、项目所在国政府的政策目标和项目所在国政府有关机构的具体目标之间的关系,尽可能使参与各方在项目进行中达到预定的目标。这种模式的一个最显著的特点就是项目所在国政府或者所属机构与项目的投资者和经营者之间的相互协调及其在项目建设中发挥的作用。其运作思路如图6所示。

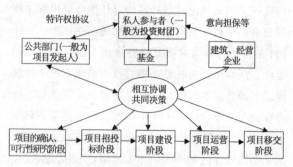

图6　PPP模式的主要运作思路

从国外近年来的经验看,以下几个因素是成功运作PPP模式的必要条件:(1)政府部门的有力支持。在PPP模式中公共民营合作双方的角色和责任会随项目的不同而有所差异,但政府的总体角色和责任——为大众提供最优质的公共设施和服务——却是始终不变的。PPP模式是提供公共设施或服务的一种比较有效的方式,但并不是对政府有效治理和决策的替代。在任何情况下,政府均应从保护和促进公共利益的立场出发,负责项目的总体策划,组织招标,理顺各参与机构之间的权限和关系,降低项目总体风险等。(2)健全的法律法规制度。PPP项目的运作需要在法律层面上,对政府部门与企业部门在项目中需要承担的责任、义务和风险进行明确界定,保护双方利益。在PPP模式下,项目设计、融资、运营、管理和维护等各个阶段都可以采纳公共民营合作,通过完善的法律法规对参与双方进行有效约束,是最大限度发挥优势和弥补不足的有力保证。(3)专业化机构和人才的支持。PPP模式的运作广泛采用项目特许经营权的方式,进行结构融资,这需要比较复杂的法律、金融和财务等方面的知识。一方面要求政策制定参与方制定规范化、标准化的PPP交易流程,对项目的运作提供技术指导和相关政策支持;另一方面需要专业化的中介机构提供具体专业化的服务。

PPP模式的优点在于:(1)公共部门和私人企业在初始阶段共同参与项目的识别、可行性研究、设施和融资等项目建设过程,保证了项目在技术和经济上

项目机构目标分解图　　　　　　　　　　　　　　　　　表1

目标层次	机构之间		机构内部
	公共部门	私人部门	
低层次目标	增加或提高基础设施服务水平	获取项目的有效回报	分配责任和收益
高层次目标	资金的有效利用	增加市场份额或占有量	有效服务设施的供给

的可行性，缩短前期工作周期，使项目费用降低。(2)有利于转换政府职能，减轻财政负担。政府可以从繁重的事务中脱身出来，从过去的基础设施公共服务的提供者变成一个监管的角色，从而保证质量，也可以在财政预算方面减轻政府压力。(3)参与项目融资的私人企业在项目前期就参与进来，有利于私人企业一开始就引入先进技术和管理经验。(4)政府部门和民间部门可以取长补短，发挥政府公共机构和民营机构各自的优势，弥补对方身上的不足。双方可以形成互利的长期目标，可以以最有效的成本为公众提供高质量的服务。(5)使项目参与各方整合组成战略联盟，对协调各方不同的利益目标起关键作用。(6)政府拥有一定的控制权。(7)应用范围广泛，该模式突破了目前的引入私人企业参与公共基础设施项目组织机构的多种限制，可适用于城市供热等各类市政公用事业及道路、铁路、机场、医院、学校等。PPP模式的缺点在于：(1)对于政府来说，如何确定合作公司给政府增加了难度，而且在合作中要负有一定的责任，增加了政府的风险负担。(2)组织形式比较复杂，增加了管理上协调的难度，对参与方的管理水平有一定的要求。(3)如何设定项目的回报率可能成为一个颇有争议的问题。

　　虽然PPP模式在国外已有很多成功的案例，但在我国基本上是一个空白。我国基础设施一直以来都是由政府财政支持投资建设，由国有企业垄断经营。这种基础设施建设管理的模型不仅越来越不能满足日益发展的社会经济的需要，而且政府投资在基础设施建设中存在的浪费严重、效率低下、风险巨大等诸多弊病，暴露得也越来越明显，成为我国市场经济向纵深发展的一个制约因素。因此，基础设施领域投融资体制要尽快向市场化方向改革，政府在基础领域的地位和职能迫切需要转变，政府在基础设施领域作为直接投资者、直接经营者、直接监管者的职能要分离，政府在基础设施领域中的角色迫切需要改变。在这种背景下，在我国基础设施建设中引进和应用PPP模式，积极吸引民间资本参与基础设施的建设，并将其按市场化模式运作，既能有效地减轻政府财政支出的压力，以提高基础设施投资与运营的效率，同时又不会产生公共产权问题。因此，PPP模式在我国有着广泛的发展前景。但是，PPP模式在我国的应用中，以下几点应注意：(1)政府应由过去在公共基础设施建设中的主导角色，变为与私人企业合作提供公共服务中的监督、指导以及合作者的角色。在这个过程中，政府应对公共基础设施建设的投融资体制进行改革，对管理制度进行创新，以便更好地发挥其监督、指导以及合作者的角色。(2)政府应该认真研究PPP模式及其在中国的应用前景，以国外的一些应用实例为基础，在我国的公共基础设施的建设中进行推广和规范。在这个过程中，政府应在国家政策上给予鼓励，支持PPP模式在中国的应用。(3)在PPP模式下的项目融资中，参与的私人企业一般都是国际上大型的企业和财团。政府在与他们的谈判与合作中，所遵循的不仅有国内的法律和法规，同时也要遵循国际惯例。政府应该行动起来，在立法制度上有所突破，迅速完善我国的投资法律法规，使其适应这一形势的发展。(4)国内的一些有实力的企业应该抓住机遇，积极与政府合作，参与公共基础设施建设项目。

参考文献：

[1]邢渊,《国际工程项目管理模式——设计-营建》[J],《建筑》2002(12):49-51.

[2]贾广社、高欣:《大型建设工程的新型管理模式-项目总控》[J],科技导报2002(5):41-44.

[3]夏立明、李亚林:《国外建设项目管理模式浅析》[J],《铁路工程造价管理》2002(3):7-10.

[4]岳宜宝:《国际工程项目管理新模式——Partnering模式》[J],《建筑》2003(4):53-55.

[5]金昊:《PFI项目融资模式在基础设施建设中的应用》[J],《建筑经济》2003(9):21-22.

[6]周冰、陆彦:《国际工程项目管理模式比较》[J],《中外建筑》2003(3):64-65.

[7]孟庆斌:《建设项目组织实施新模式——项目管理(PM)》[J],《中国工程咨询》2003(12):28-30.

[8]张连营、李楠:《工程项目管理模式BOT与PFI的比较》[J],《港工技术》2004(1):31-34.

[9]National Audit Office, London Underground: Are the Public Private Partnerships likely to work successfully?, Report by the comptroller and auditor general, HC 644 Session 2003-2004: 17 June 2004.

论国有大型建设企业集团的管理创新

◆ 任明忠

(北京城建集团企业管理部，北京 100088)

我国国有大型建设企业集团由于历史和现实的主、客观众多因素，企业的综合竞争力不够高，同国际大承包商们相比还存在一定差距，还不完全适应我国加入WTO后参与全球竞争的需要。国有大型建筑企业集团竞争力不强的原因，主要是企业的体制和管理创新还不适应社会主义市场经济和国际化竞争的要求。因此，需要大力推进企业管理创新，提高企业现代化管理水平。企业管理是组织企业生产经营活动最重要的手段，它是组织连接生产要素各环节的链条，做好管理创新工作是保证国有大型建设企业集团可持续发展的关键。

一、摆在企业面前的机遇与挑战

1.建设市场的机遇

（1）国际建筑工程市场分析。根据美国2003年度《工程新闻记录》对未来三年国际建设工程市场增大率的预测：住宅建设增大4.4%，非住宅建设增大5.1%，土木工程和基础建设增大6.1%。在2006年全世界4.5万亿美元的建设投资额中，中国在海外承揽工程仅占合同额的4%，中国在海外占领的建设市场大多分布在中东、非洲和东南亚发展中的国家，这说明一方面国际建设工程市场发展潜力还很大，另一方面反映了我国建设企业的整体竞争力低。

（2）国内建设市场分析。党中央和国务院确定了今后几年全面建设小康、构建和谐社会的总体目标，全国的经济将以平稳速度增长，国内生产总值GDP保持在7%以上，仍保持较高水平对基础设施建设的投资规模。以北京为例：2001~2006年，国内生产总值平均增长10%以上，全社会固定投资平均增长速度为10%左右，"十一五"期间，初步建设成为现代化的国际大都市。可见，国内建设市场为国有大型建设企业集团的发展提供了良好契机。

（3）两个市场为企业管理创新开辟了通道。随着经济全球化速度的加快和我国加入WTO的现实，为我国有大型建设企业集团直接提供了国内和国外两个市场，也为国际工程承包商们进入中国建设市场提供了一个通道。我们的企业通过"走出去"和"引进来"，更加便于学习和借鉴国际工程承包商的管理理念和技术。20年前，日本承包商在我国云南省承包工程带来了"鲁布革"效应，现在的国家大剧院、2008年北京奥运会工程、2010年上海世博会工程的设计和施工有更多的国际建设同行加盟，这些都是促进国有大型建设企业集团管理方式更快地与国际接轨的平台与通道。

2.企业面临的挑战

（1）体制的挑战。随着社会主义市场经济的不断规范和改革开放力度加大，我国政府对企业的保护措施将逐步弱化，地方保护主义和行业保护主义也将逐渐随之减少以至最终消亡。国有大型建设企业集团、国际工程承包商和中小建设企业、民营建设企业基本处于平等的竞争地位。国有企业的体制、冗员和社会负担等问题，仍是国有大型企业建设企业集团实施管理创新的主要不利因素。

(2)人才的挑战。我国国有大型建设企业集团中工程技术人员的专业水平并不逊色于欧美同行业多少,设备装备能力也基本处于相同水平,但严重缺乏一专多能的复合型管理技术人才。由于合资、独资企业因机制灵活、待遇优厚等条件颇具吸引力,它们已经成为国有大型建设企业集团竞争特别是争夺人才的有力对手,国企中高级管理技术骨干人员随时面临着流失的危险。

(3)管理理念的挑战。我国企业经过多年改革开放的磨练,或多或少对国外先进的管理理念有过学习和接触,但总的来讲,企业适应市场经济规律的能力还很低,突出表现为:一是企业领导者或管理层驾驭和决策能力准确性差,决策失误偏多;二是因为受传统文化某些弊端及企业员工长期吃大锅饭的影响,接受管理理念及科学管理思维和方法的践行能力较低。基于这些原因,国有大型建设企业集团管理创新更加困难。

二、管理创新迫在眉睫

1.建筑市场行业的特点

(1)全国建设队伍的素质参差不齐。国家建设部结合全国大中型建设企业基本完成法人治理结构现状,2002年按照国务院提出"全面清理、整顿建设市场"的要求,根据大大小小建设企业的资源和规模进行了"资质"重审和注册,经过中央和省市两级艰苦的工作,至2003年重新注册了双特级资质企业3家(北京城建集团、上海建工集团、中建总公司)、单特级资质企业6家、其他资质企业(一、二、三级)共10万多家,到2006年底全国建设单、双特级资质企业注册已有300多家。通过这项工作遏制了建设市场无序发展的势头,为国有大型建设企业集团的发展创造了有利条件。

(2)建筑业内、外部还存在行业保护和管理难度大等一系列问题。在企业外部,尽管全国政企脱钩取得了突出成效,但地方保护和行业保护仍然存在。建设行业除省属企业之外,国有大型建设企业原分别归属国家多个部委管理,从道理上说政企分开后应该平等在市场经济条件下公开、公平竞争,不分中央企业、省属企业和市县属企业,事实上因为行业利益、老关系等人为因素的作用,不利于国有企业健康发展的"保护因素"在一定范围内大量存在。在企业内部,因为建设工程投资大、管理难度大,始终是经济蛀虫们馋涎的美味。具不完全统计,一个国有大型建设企业集团,各专业领域需要的建筑材料就达到5万多种,还要使用农民工与自有员工之比达10:1以上的外部劳动力,管理稍有失误无疑给腐败者提供了土壤,这也是国有大型建设企业集团管理创新的人为障碍之一。

2.建设市场竞争日益激烈

利润普遍下滑。因为建设行业对于员工素质具有包容性强和技术含量较一般工业制造业低的特点,规模较小的普通住宅和市政项目施工大多被中小型乡镇、民营企业挤进占领,建设行业施工高利润的风光早已不在。20世纪80~90年代,一般工程施工的毛利润率为12%~25%,90年代的10年间约为15%~20%;到了2000~2006年以北京为例,一般工程施工的毛利润率为4%~8%,近三年参与北京投标的工程负标为总造价的6%~10%,占到总投标标的个数的70%左右。除国家和各个省级单位的重点工程之外,建设行业投标中争相压价的恶意竞争行为在全国非常普遍。基于这些原因,国有大型建设企业集团只有走管理创新之路,以内在动力为主才能得到发展。

三、当前企业管理创新面临的桎梏

1.管理体制滞后

(1)组织机构不合理。我国国有大型建设企业集团大都管理层次多,内部组织结构复杂,管理链条过长,集团内部的母子公司之间、各级机关各个部门之间各业务缺乏有机联系,不利于核心竞争力的形成。国内同行业的大企业多为多元化经营的范围,由于国企受传统所谓"行政级别"的影响,各级领导班子成员多,下属部门也随之增多。改革一次又一次随后回到"管理层次多、组织结构复杂、管理链条长"的怪圈,其实质是所谓级别待遇观念和分配问题作怪。

(2)战略管理科学性差。在市场经济条件下,一个大企业长期稳定地经营和发展必须建立一套科学、严密的战略管理体系,才能够应对市场的变化。战略管理是国有大型建设企业集团实施战略决策的基础,事实上各集团都有战略管理,问题是制定的发展战略质量不高、决策失误,把企业拖入泥潭和造成重大经济损失的现象在建筑业内经常耳有所闻。怎样做好发展战略,一个重大决策要经过哪些程序,经过什么样的论证和评估,决策权在哪个层次上,决策失误的责任风险等都应有明确的处置程序。

2.分配机制落后

(1)人浮于事的现象突出。以全国企业500强前100名的国有大型建设企业集团为例,这些企业的自有正式员工为2~25万人不等,由于建筑企业的特点,各大集团除各种机械设备驾驶员等技术工种人员以外,固定工工人特别是不宜干重体力劳动、年龄偏大的逐渐转到管理岗位上来,各集团的管理人员占内部自有员工的50%~85%不等,从表面上看,各集团已是智力密集型企业,实际上综合素质并不高。

(2)人才的评价机制尚未建立、人才的个体价值模糊。国有企业尚未建立起真正的岗位工作标准,多年来是"干多干少、干优干劣"一个样的一本糊涂账。由于我国的教育体制和职称评定标准的某些弊端,同等学历同等职称的创新能力反映到实际工作中反差很大,如果回到20年前我们说凡是大学生都是人才情有可原,但进入到21世纪人才问题就应该有标准了,否则,国有大型建筑企业集团真正成了"培训基地",真正能创造价值的人才就会流失掉。可见,国有企业对工作岗位标准的评定、人才标准的评价机制、分配倾斜等许多问题,都应该是提到议事日程上来的时候了。经我们平时调研测算,国有大型建设企业集团真正的人才骨干人员仅占全员的15%~20%左右,如果不对这些人员采取措施留住,企业以人为本就是一句空话。

3.企业管理不规范

(1)传统的基础管理问题多。国有大型建设企业集团的基础管理工作,除执行国家制定的有关法律、法规、标准、条例以外,其建设企业内部的基础管理制度多为建国后从别的工业制造业学过来的,经过几十年的磨合完善,大企业的基础管理制度应该说是健全的,主要是执行起来偏差大,还有业务之间的管理脱节、数据不实等企业基础管理问题占一定的比例,究其主要原因是员工责任心不强和业务不熟练造成的。

(2)推行现代科学管理方法种类多而未完全植于"土壤"。国有大型建设企业集团,多数在20世纪80年代推行了起源于日本的全面质量管理,1995年以来推行了发达国家通行的ISO 9000质量管理标准、ISO 14000环境管理标准和OHS 18000职业安全健康管理标准,2000年起又推行了全国质量管理标准、建设工程项目管理规范,此外,有的企业还推行了GB/T 15497、GB/T 15498建立企业标准化体系工作。多数企业推行建立上述标准体系的这些现代科学管理方法是根据市场经济需要自愿做的。而根据有关信息表明,推行现代科学管理方法的成效:"三资"企业优于民营企业、民营企业优于国有企业。

(3)传统的基础管理和现代化科学管理方法脱节。目前全国企业中特别是国有大型建设企业集团存在的问题是,因为企业基础管理有一套传统的制度,推行国际标准等现代化科学管理方法又按每个标准条款要求建立了另一套程序文件,那么推行几个标准就有了新的几套程序文件,国企大多对国际标准研究不够,建立整套程序文件时没有对过去形成的那一套基础管理标准和制度进行"扬弃"、结合、纳入,而是执行起来两条线,而传统管理那一套制度本身在国企形成的过程中就附有守旧、"大锅饭"色彩。因此,对自己要求不高的企业和员工还按传统管理执行,至于新建立的某一套国际管理标准体系成套程序文件则是拿来应付第三方认证机构检查用。

四、进行管理创新的思路及方法

1.与时俱进地推进改革

(1)理顺管理机制。一是建立和完善现代企业制度,转换机制,为增强大企业的核心竞争力提供制度保证。企业集团的兼并、联合、重组要特别强调突出主业,扩大产业要特别强调与自身管理能力相匹配,按照优势互补、强强联合的原则,适时与国内外相关企业结成战略联盟。二是培育核心竞争力,立足于做强做大。要下决心推进内部的改革与重组,把与主业无关的低价值、低效率副业剥离出去,把长的管理链条截短,体现核心竞争力的主业部分应精干高效,创造一切条件使其快速发展。三是优化战略管理。过去有企业追求进入全国企业"500强"情节,盲目扩张后因决策、营销、管理等失误多而过早"花落"。企业集团应根据行业特点,对战略管理应年年调整,最大限度地减少决策失误。

(2)改革应照顾国有企业的现实。稳定、和谐、发展是党中央和国务院对国民经济发展的要求。在国家的社会保障体系、医保体系还没完善之前,国家没有要求国有大型建设企业集团退出国有制之前,企业必须面对大锅饭和企业办社会等一系列现实,最主要的是眼睛向内靠挖潜构建和谐企业,发展企业。现实是如何处理好富余人员,可以采取两种办法:一是建立待岗(非下岗)制度,企业应充分考虑到这些人员家庭状况,每月给予一定的生活费,保证他们的生活过得去,待岗期间做好技能培训工作,有机会再上岗;二是给予适当的经济补偿,以适当政策整体分流小型企业与集团脱离管理关系进入市场。

(3)调整分配制度。企业集团要做强做大,主要取决于企业人才的数量、质量及才能的发挥程度。为此,一是企业领导要转变观念,树立以人为本的思想,重视人力资本投资,开发人力资源,以新的观念、眼光和要求去选拔、评价和配置、使用人才,按不是量的简单相加而重在质的升级优化的原则,培养管理、技术和营销专业人才。二是在具体调整分配制度时必须考虑工作部门和岗位对智慧要求的投入大小,打破平行部门(集团、子公司两级)同级别的同薪制,打破同级职称(如工程师、经济师、会计师、政工师……)同薪制的待遇,打破以学历和职称为主要依据规定待遇的不宜制度。三是按梯次建立内部特殊专家群体的薪金制,那些具有较高管理和技术才能的人由集团统一管理建立专家库,统一支付工资统一放到不同的重要领域领头工作;四是对当前建筑业容易流失的技术、营销、投资、预算和财务类骨干要分配倾

斜,这种倾斜程度的大小应每年调整。一般来讲,国企给予某种人员的待遇达到外企(民营)平均的2/3就不会因待遇因素调出。

2.建立科学的企业管理体系

(1)重新界定、理顺集团母子公司之间的关系。集团对所属子公司的管理,要结合国情、市场、企业实际,做好三方面的管理:一是维护"品牌"形象管理。建筑业的品牌与一般工业制造业的产品品牌不同,前者可以说在一个历史阶段是长久性品牌。如中铁总公司、中铁建总公司、中建总公司、北京城建、上海建工……它们的品牌就是企业本身的冠名,倘若集团所属某些子公司频繁出现质量和安全事故而失信于顾客与社会,那么该企业"必死"无疑。二是行使好行业行政管理。任何国有大型企业集团都有代行政府对国有资产做好增值保值的责任,政企分开还没有达到西方发达国家的程度,集团总是要直接面对政府各部门,然后准确地向下属企业提出要求,下达正确的指令。三是牵引管理创新。一般来说,集团所属若干个子、孙公司之间因为人员素质、信息、观念、市场等多种因素制约,经常性地发展不平衡而需要引导,集团好比运动场上的组织者和裁判员,公平地为运动员呐喊助威并帮助总结经验教训。

(2)推行现代化管理方法不能生搬硬套。我国加入WTO后,国有大型建设企业集团必须面对与国际管理接轨的问题,自觉推行国际上通行的现代化管理方法是社会进步和发展的使然。引用先进的管理方法必须考虑到国情、企业实际并适当兼顾中国人的习惯,只有这样才能推进传统和现代化管理方法的有机结合,逐步成为企业有效的东西并转化为企业文化乃至生产力。推行现代化科学管理方法不能生搬硬套的原因:其一,国际管理标准产生和完全适应于西方文化背景的组织,而中国的国企有着自身的特点,在不违背某个标准条款原则的条件下,可以进行剪裁或强弱执行;其二,需要由企业、第三方认证机构共同建立各方面都能认可的体系文件。

(3)管理创新的核心是建立科学的企业管理体系。企业的管理创新包括要注重发展战略研究,强化企业基础管理和文化建设,提高企业信息化水平,

注重价值管理和知识管理，要根据外部环境的变化和内部改革的需要，适时地进行组织创新和业务流程再造，把企业建成一个创新型、反应快速的学习型组织。国有大型建设企业集团管理创新的核心就是建立起科学的企业管理体系，简单地说：就是通过"扬弃"，结合国情企情再造一整套符合市场经济规律的动态的管理体系文件。其工作步骤是：一是依据GB/T 15497、GB/T 15498标准、美国波多里奇奖标准等方法扬弃原有管理制度。我们所指的原有管理制度，是因为这些制度存在一些问题，有的管理制度要么对子公司管理过宽要么放得太松，有的制度又缺乏创新性，满足不了新技术、新工艺、新材料涌现出来后的要求，有的制度一定就是3~5年不变，有的职能甚至没有制订制度去约束，等等。针对这些管理问题和漏洞，必须去逐个逐条疏理，如战略措施、项目管理、分配制度、人事管理、市场营销等就是重点。二是重新去分解、评定各级部门各个岗位的职责。此项工作是国有企业工作效率低于"三资"企业、民营企业的主要原因。国企的部门和个人岗位职责过去年年都是简单的几件事、几句话，现在要利用标准化方法进行逐条分解，提出工作质量标准、完成手段、完成时间、如何考核和奖惩等要求，这是分配制度改革和实施的基础。三是逐个清理各个国际管理标准程序文件。一些企业往往刚推行每个国际标准时容易犯教条主义，结果编写出一大堆程序文件，好像文件越多说明与国际接轨越好。事实上错了，因为有的文件是可取舍的，如果不注意改造，形式主义就多起来，员工意见也大起来。四是合并各类内容相关的制度和文件。在建立企业管理体系之前，往往将国际标准程序文件放到第一层面，原有管理制度作为支持性文件放到第二层面（人们俗称不敢把洋玩意儿与中国货一起放），造成人为的两个通道都可执行的形式主义路标（俗称两层皮）。建立企业管理体系文件模型确定后，把各个国际标准要求本企业必须执行的条款，结合原有管理制度，全部按业务系统重新编写，不再分第一层面第二层面和XX制度XX程序，通通按业务名称叫XX程序文件放到同一层面上操作执行，至于第三方认证机构年度评审可按文件编号提供。这个过程实际是管理流程再造的过程，也是企业管理理念和企业文化渗透到管理活动各环节的过程。五是集团企业管理体系文件完成后，要求各子公司也按上述要求，建立适合本单位特点的企业管理体系文件，只是相对来说集团母公司是宏观的，下属子公司是微观的(再造文件流程见图1，最终框架见图2)。

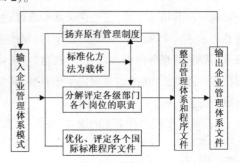

图1 建立企业管理体系的流程

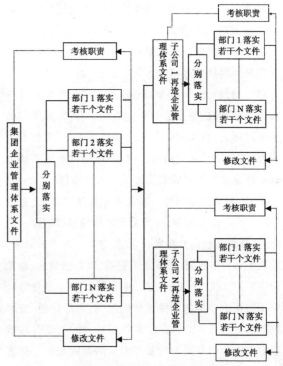

图2 集团母子公司企业管理体系文件框架

3.企业管理体系文件的评价

再造后的集团母子公司两级的企业管理体系文件，每年要分别进行认真的评审。一是评价文件的合理性，新增的工作职能另建立新文件或合并，使整个文件体系是动态和没有失误的内容；二是考核各级部门和人员落实文件中有无失误并评价其绩效；三是必须奖罚兑现；四是总结提高。

民营建筑企业人力资源管理的现状

◆ 吴向辉

(浙江城建建设集团,杭州 310007)

摘　要:首先从对某典型大型民营建筑企业的人力资源状况调查结果出发,分析了其人力资源方面存在的问题,同时通过调查反映出的问题与现状也在我国多数民营建筑企业中普遍存在。然后,深入分析了民营建筑企业人力资源管理的现状的成因。

关键词:民营建筑企业;人力资源状况;调查分析

一、民营建筑企业人力资源管理现状及存在的问题

1.民营建筑企业人力资源管理现状

目前针对民营建筑企业人力资源状况的统计资料很少,因此我们选择有代表性的民营建筑企业做调查,从中可以反映出民营建筑企业人力资源管理的现状,并主要从年龄结构、文化程度结构、专业结构三个方面进行总结概括。

该建筑集团公司是一家典型的大型民营建筑企业,表1反映了其管理人员的人力资源状况。

从表1可以发现,该建筑集团公司管理人员中存在年龄结构不合理、文化程度低、中高级职称管理人员比例低的问题,一方面,这反映了建筑业属于劳动密集型行业的事实,同时也反映出了当前民营建筑企业人力资源的现实状况。

某建筑集团管理人员人力资源状况表　　表1

年龄构成		学历构成		职称构成	
30岁以下	36%	中专及以下	79%	助理及以下	75%
30~40	25%	大专	11%	初级	12%
40~50	33%	本科	9%	中级	10%
50~60	6%	硕士、博士	1%	高级	3%

同时，根据调查还发现，在民营建筑企业内部进行的人员培训与开发进行得还不普遍，同时许多管理人员的本、专科学历是通过成人教育等途径获得的，而这些人员在外语、计算机、管理等方面的知识与实践能力还存在不足。

通过调查发现的问题，虽然存在着一定的特殊性，但由此反映出的问题与现状，在我国的多数民营建筑企业中是普遍存在的。

2.民营建筑企业人力资源管理中存在的问题

当前，我国民营建筑企业人力资源管理的水平仍处于较低水平，许多企业虽然已经意识到人力资源战略是企业发展战略的重要组成部分，并积极地去推进实施人力资源战略，但由于这方面的工作刚刚起步，且各级的人员，包括领导到员工对该问题的认识都还不是很透彻，因此对人力资源管理的战略职能开发还只是停留在起步的阶段。因此，可以说民营建筑企业在当前还普遍处于观念转型、局部试点、进行人力资源管理改革的阶段，在许多方面，仍然是以传统的观念在进行管理，现行的人事管理制度也基本上沿袭了计划经济时代的运作机制和方法。

人力资源的产生与发展都是生产力发展的结果，是与市场环境相适应的。从某种程度上说，未来的市场环境是决定人力资源管理未来趋势的关键因素。随着经济全球化和世界经济一体化的发展，国际贸易的自由化程度会进一步提高，与此同时，世界交通、运输、通信也会进一步发展，在这一大背景下，各国、各地区的生产力会不断提高，技术进步也会加快，因此，市场的竞争会高度国际化和空前激烈。具体地说，随着建筑业结构调整，国有企业的改革与发展及我国加入WTO的影响，建筑业对人才的竞争将愈加激烈，因而民营建筑企业在人力资源管理方面存在的问题与弊端也越来越明显，迫切需要抓住民营建筑企业的特点，抓住其管理的实质，推动其人力资源管理的进步，扫除阻碍企业可持续发展的障碍。

当前我国民营建筑企业人力资源管理存在的主要问题如下：

(1)缺乏制度化、规范化人力资源管理工作的基础

1)缺乏建立与深入贯彻现代企业制度

民营建筑企业建立现代企业制度的历史不长，在企业内部许多方面贯彻与落实现代企业制度需要一个阶段的时间。现代人力资源管理制度是现代企业制度的重要组成部分，后者的贯彻落实构成了前者制度化、规范化的基础。当前，多数民营建筑企业正处于现代企业制度的建立与深化改革的过程中，因此，人力资源管理的工作还缺乏规范化、制度化的基础。

2)缺乏人力资源管理的专业人才

在传统的人力资源管理体系中，我国企业人力资源管理岗位上的多数从业人员缺乏专业素质。入世以后，随着企业体制的变革以及企业竞争的加剧，要求人力资源管理部门要转变人力资源管理职能，不仅要逐步成为企业的战略合作伙伴和执行者，而且要全面提高人力资源管理人员的能力素质。因此，我国目前急需一批知识层次高、通晓现代企业管理知识并具备强烈的市场意识、能够制定和实施企业管理战略的人力资源管理队伍。人力资源管理是一门专门的学科，贯彻与实施人力资源管理需要具有人力资源专业知识与技能的人才充实到企业中，利用专业人才的技术与管理优势，高屋建瓴地做好人力资源规划与实施，具备专业的管理人才是做好管理工作的基础。

(2)人力资源结构不合理

根据人力资源管理理论，不同部门、不同行业和不同所有制企业的员工，其组成与结构会有所不同。一般来说，工业企业的员工结构中工人所占比重较大，往往达到60%~70%，而管理人员和专门技术人员约各占5%~7%。

民营建筑企业的产生与发展是以广大农村为基础的，农村大量的过剩劳动力资源为民营建筑企业提供了丰富的廉价劳动力资源，因此民营建筑企业并不缺少低层次的劳动力资源。但我们应当看到进入知识经济、经济全球化时代建筑行业本身的迅速变化及其提出的新的要求。建筑行业结构调整以及加入WTO的冲击迫切要求建筑企业向资金密集、技术密集、人才密集的工程总承包方向发展，而要达到这一目标，原有的人力资源结构中管理人员及专门管理人员5%~7%的比例是远远不够的；一直以来，

民营建筑企业的市场断面主要集中在低端市场断面（如住宅建造）上，企业中经营管理人才和技术专业人才比较欠缺，人力资源结构中具有中、高级职称的人员比例较少，人员素质不能适应职责要求和满足对科技、管理发展的需要，具体表现在目前民营建筑企业急需设计、合约管理、商务、金融、法律、财务等专业人才，而企业内部同时具有技术、外语、管理等综合知识与能力的复合型人才更是凤毛麟角。

（3）缺乏有效的人力资源管理机制

1）人力资源部门权责不明确

多数民营建筑企业虽然建立了人力资源部，但其职责与权限与现代人力资源管理的要求不相符合，人力资源部门的权责不明确，没有履行其战略职能。人力资源管理的基本任务，就是根据企业发展战略的要求，通过有计划地对人力资源进行合理配置，搞好企业员工的培训和人力资源开发，促进工作效率提高，进而推动整个企业各项工作的展开，以确保企业战略目标的实现。

2）缺乏系统化的开发与管理机制

大多数民营建筑企业正处于由人事管理向人力资源管理过渡，在逐步建立现代企业人力资源管理的制度与体系的过程中，虽然在人力资源管理方面采取了一定的措施，但并没有将开发与管理的各个模块系统化、规范化，只是在具体处理业务时采取了某些现代人力资源管理的理念或思想，却没有形成文字化、制度化的激励机制、选拔任用机制、与人才培养等管理机制。

（4）人力资源开发的力度不够

1）对劳务人员的培训开发力度不够：多数民营建筑企业忽视了对劳务人员的培训与开发，缺少对劳务人员进行劳动技能、劳动纪律教育与培训的经验。许多企业高层管理者的眼光停留在过去，没有看到将来成熟劳务资源短缺的趋势。

2）传统的开发与培训手段不适应企业发展对高层次人才的需要：民营建筑企业的传统培训方式是采取"师带徒"的方式，这种传统的方式到今天仍然广泛地运用于技术工人的培养中，其特点是培训周期长、单位时间内的培训强度低、学徒工的大量时间浪费在许多低级的机械性劳动上，培训的效率很低。

因此，民营建筑企业在培养高层次人才方面缺乏有效的手段与经验。

二、民营建筑企业人力资源管理现状及问题的成因分析

1. 现代企业制度的建立与深入不彻底

民营建筑企业是伴随着改革开放不断深入发展，在工程队、乡镇企业等形式的基础上发展起来的，大多数民营建筑企业历史不长，还处在企业生命周期的"新生儿"或"起步"阶段，还来不及建立和完善现代企业制度。同时，大多民营建筑企业属于中小企业，它们与建立了整套完善的现代企业制度的大型国有建筑企业相比，在企业品牌、生产规模、人才储备、资产拥有量及影响力方面都处于劣势。

同时应该看到，在特殊的所有制结构与决策机制的条件下，民营建筑企业的发展方向、企业战略的变化性较强，企业管理存在不稳定性，一旦企业内外部环境发生变化给民营建筑企业造成的影响要比国有企业大得多，因此，现代企业制度一直没有在民营建筑企业中牢固地建立起来。

从历史发展看，改革开放后我国的人事管理工作经历了两个阶段：

1）改革发展阶段（1977年–1992年）。该阶段包括从否认商品经济，经过承认、利用、发展商品经济，到最终确立社会主义市场经济体制的各个时期。"文革"结束后，我国的工作重点转移到以经济建设为中心，劳动人事管理再次纳入正轨。特别是改革开放以来，劳动人事管理在改革、转轨中迅速发展。表现在：企业扩大了用工自主权，用工形式多样化，实行企业劳动合同制；实行"先培养，后就业"，大力发展职业教育，优先招收各类职业技术学校的毕业生，提高劳动者素质；推行管理方法标准化，制定了劳动定额管理、定编定员管理、人员培训、技术职称评聘、岗位责任制等劳动人事管理制度；工资管理逐步合理化，企事业单位普遍实行工资总额随单位总体效益和绩效浮动，工资模式走向结构化，实行岗位技术工资和其他结构性工资相结合，增加了工资的激励作用；实行企业用人和个人就业的双向选择，劳动力进入市场，实行平等竞争；经济成分多样化，个体、私营、三资企

业不断发展。

2)创新深化阶段(1992年至今)。即社会主义市场经济体制目标确立,企业改革进入建立现代企业制度阶段。企业改革进入攻坚阶段,国有企业的产权改革成为改革焦点。劳动人事管理改革进一步向市场化方向发展,个体、私营、三资企业加速发展,实力增强。

综上所述,我国民营建筑企业的人力资源管理仍然处在伴随现代企业制度的建立从传统的计划管理向现代人力资源管理转变的过程中。我们相信,在经济全球化趋势加速、科学技术日新月异、市场经济改革不断深入、跨国公司迅猛发展等因素的推动下,我国民营建筑企业建立起现代的、规范的、具有特色的人力资源管理体系的步伐将会大大加快。

2.建筑业具有很强的相关性与政策敏感性

相关性是指建筑业发展与宏观经济形势具有高度的正相关性。即每当国民经济整体形势趋好、发展加速时,建筑业就迎来产业经济快速发展的黄金时期,相反每当国民经济增长趋缓,投资降温时,建筑业就会随之萎缩。而在国民经济发展的三架马车固定资产、消费、出口中,尤以固定资产投资对建筑业影响最为直接和突出,可以说固定资产投资规模是建筑业发展的生命线。

政策敏感性是指建筑行业的发展方向、发展速度、经营环境以及运行机制明显地受国家宏观政策的调控。由于建筑业是国民经济的先导产业、支柱产业以及高度的产业关联性,对国民经济的发展有着极其重要的作用,因此,需要国家制定产业政策(产业政策是国家进行宏观经济调控的重要手段)对建筑产业进行宏观调控,加强管理,以保证和促进建筑业的健康发展。我国建筑业目前正处于快速发展阶段,还不是一个完全成熟的行业,国家关于建筑业的政策调整、变化比较多,政策波动性比较大,因此,建筑企业应该时刻关注国家政策的变化与调整,及时调整企业的经营策略。

以香港1998年以来的变化为例:在1998年发生亚洲金融风暴以前的几年,香港的国民生产总值每年平均增长5%以上,到1998年负增长5%,并由于大量企业倒闭或减产,同时许多在建或拟建项目因为资金及其他原因搁置起来,建筑业可容纳的就业人口数量骤减,造成失业率上升达6%。

近五年来,香港经济得到复苏,经济贸易得到增长,香港的金融和服务业蓬勃发展,公用事业和建造业随着房地产、旅游、迪士尼乐园及高科技开发区的发展,对人力资源的需求将有稳定的快速增长。但此时,人力资源并没有随同经济的增长而相应增加。

从以上分析和举例看到,受宏观经济形势与宏观经济调控的影响,多数民营建筑企业的业务量呈周期性变化,在业务规模不稳定的情况下,要灵活机动地满足企业对人力资源的需求,完善人才的吸引、保留、激励与开发工作,不断保持人力资源的稳定增长,存在着比较大的难度。

3.传统的人事管理理念的弊端带来的影响

传统的人事管理上存在着"重使用、轻开发"、"重物轻人"、"论资排辈"等弊端,严重地制约了民营建筑企业人力资源管理的进步。

"追求经济效益最大化"是每个企业的经营原则,民营建筑企业由于其所有制的特殊性,则更加注重这一点,在人力资源管理上,民营建筑企业家往往"重使用、轻开发",他们希望每名员工都具有很大的使用价值,能够"招之即来、来之能战",同时却忽视了给员工提供一个合适的环境与平台,忽视了人的主客观需要,忽略了人力资源部门的"开发"、"培训"等职能。

还有许多的民营建筑企业家在开始时兴致勃勃地支持人力资源管理,并为之实施投入了不菲的资源,但由于"重物轻人"的观念影响,他们急于得到投入与产出的正比效应,只看到了为人力资源开发所投入的金钱与物的资源,没有看到"人"是企业的最重要的资源,而没有意识到人力资源管理战略是一个变革的过程,从战略的规划、实施到收获需要一个较长的周期。他们忽视了"人力资源开发"不仅可以在企业内部提高凝聚力,而且可以为企业在广阔的市场竞争环境中获得核心竞争优势,忽视了通过对人的培养来树立企业品牌形象,进而树立广大员工对企业未来的坚强信心。这种"重物轻人",以"事、物"为中心的管理理念对人力资源管理战略构成了重大的威胁。

在人才引进上,许多民营建筑企业不是根据企业的发展战略需要来引进与使用人才;在人员晋升上,也不是根据个人的能力与水平来提拔与任用干部。与现代人力资源管理相违背的是,当前许多民营建筑企业依然在延续着"任人唯亲"、"论资排辈"的错误做法。这种现象大大地打击了企业员工的积极性,更不利于引进并发挥人力资本的作用。

4.民营企业家的自身原因

在民营建筑企业发展壮大的过程中,许多民营建筑企业家由基层的技术与施工岗位走上了管理舞台,而这些企业家中有许多没有接受过现代管理知识与技能的培训与教育,仍然保留着陈旧的管理理念,不能够快速、主动地学习与掌握现代企业管理方法和理念;同时,许多企业家受我国几千年来的封建传统观念及哲学影响较深,摆脱不了自身思想观念的束缚,突出的表现之一就是,民营建筑企业中普遍存在家族化管理与决策独裁化的现象,这一点也大大影响了民营建筑企业现代企业制度改革的进程。

同时,在民营企业内部,企业大多数为私人投资兴办,一般情况下企业家是集所有权与经营权于一身,在民营企业家作决策管理时,只需对私人利益或少数投资者负责即可。民营企业在发展过程中往往存在一个人专权的家长式管理模式。然而一旦企业走上了发展之路,规模逐渐扩大时,家长式的管理模式便会诱发一系列的问题,很容易造成决策的盲目、管理的混乱与权力的滥用,最终导致企业的衰败。家族式民营企业在人力资源管理方面具有很大的局限性,存在裙带关系作用,绩效评价不公平,压抑了家族外员工的创新意识和工作积极性,不利于管理和技术人才的引进。在新经济时代,企业强调以"人"为本,而民营企业在与其他企业人才竞争中并不占优势,相反还存在一定的劣势,因此对于民营企业来说,要有人力资源管理的获得优势,必须顺应新时代人力资源管理的发展趋势,通过完善的人力资源管理制度体系的建立来提高效益,在竞争激烈的市场经济中处于不败之地。

对于人才,放心和能干无法兼得总是民营企业家的一块心病。一方面,企业家虽然看到人才的重要性,但对于培育人才却缺乏信心,担心投入的人力、物力没有回报,更担心人才不能长期为民营企业服务。因此,在忠诚与效率之间如何选择,民营企业家正经受着巨大的矛盾和痛苦。

大多数民营企业过于强调组织中的管理制度和管理程序的制定,忽视建立和健全企业的激励机制。许多民营企业家只考虑到了赫茨伯格双因素理论中的保健因素而忽视了激励因素,单一的激励手段不能提高员工的工作激情,员工使用效益没有达到满意化。因此,很多民营企业家对人的管理强调通过"控制"和"服从"来实现人与事相适应,而忽视人的才能的发挥。在民营企业中,企业前景不明朗或内部管理混乱,员工职业生涯计划难以实现,工作压力大,缺乏职业安全感,个别企业薪酬结构不合理,工作标准过高等原因都不同程度地导致了员工的流失。

新加坡地铁设备安装及装修管理模式

李 平

(广东深圳市政府，广东 深圳 518001)

1.概述

新加坡地铁设备安装及装修管理模式是：土木工程承包商为主，机电设备安装承包商为辅。这一模式主要基于两点：一是土木工程承包商既承担结构施工又负责装修施工；二是土木工程承包商的工程一般都是地点固定，而机电设备安装承包商一般都要沿着铁路线逐渐地移动。

合同中规定，土木工程承包商负责管理机电设备安装承包商，土木工程承包商承担总协调的责任，其他各有关承包商的责任是提供详细的施工资料给土木工程承包商和参与的机电设备安装承包商。

整个协调工作的主线是计划安排。首先业主要建立"总工程项目计划"，从设计、设备采购、加工和制造、运输设备和材料到工地、安装施工、系统调试、竣工验收、综合系统测试，到全线试车的每一个阶段，业主在工程项目计划中会列明一套明确完善的关键日期和里程碑。其次，土木工程承包商按照合同的规定必须负责呈交一个与各有关机电设备承包商进行一系列的协调、最后达成"协议的协调后施工计划"，简称CIP。为形成CIP，土木工程承包商要在自己的施工计划和其他各相关机电设备承包商提供的详细施工计划上，依据施工场地、车站内的设备、各工序之间的相互关系、所需施工时间的长短、及地铁当局所规定的关键日期和里程碑编制成一个既实际又符合有关承包商条件的"协议的"CIP给地铁当局审批。为了避免争议，业主要各参与方签名，保证依此施工计划(CIP)来施工，对于最后还是不能承诺的，业主有权强迫其必须服从"协议的协调后施工计划"。第三，在整个施工过程中要通过定期的协调会议来动态管理CIP，一般每星期要组织一次协调会议，共同协商，及时解决各种矛盾，在增进彼此合作精神的基础上，保证工期按计划完成。

一旦机电设备系统承包商准备进入场地施工时，土木工程承包商必须进行以下几种协调工作：

(1)各机电系统承包商进场施工的日期和地点(设备房)；

(2)提供工人进场施工和设备运输的通道；

(3)提供存放设备的地点，允许其施工装配的场地；

(4)解决临时水电供应、停车位、厕所和电话等；

(5)共同讨论设计图问题；

(6)共同讨论施工计划，针对施工中出现的问题提出解决方案；

(7)协调土建/装修/机电系统相互之间的衔接问题；

(8)注意场地安全问题；

(9)有关场地的清洁和垃圾处理问题；

(10)保安措施；

(11)其他注意事项。

轨道相关施工计划 (TRIP) 一定要独立单列，TRIP 是一套为轨道旁施工而编制的计划。

2.新加坡地铁(MRT)项目管理

(1)合同风险分担

MRT 项目合同安排考虑的主要因素有：时间限制、资源安排、技术问题，以及业主关于合同风险分担的设想。确定的原则是：尽量限制项目正式工作人员人数,以便于尽快启动设计和施工。地下部分和机电工程即是如此。

土木工程在进行施工图设计的同时开始施工,以便缩短总工期。为此,把设计工作交给咨询公司和承包商,业主无需配备齐全的设计班子。但对MRT高架部分的外观,要求业主聘请专业技术人员进行认真的设计。MRT从Bishan到Outram公园整个地下部分土木工程都使用设计-建造合同。各系统机电工程和轨道工程也用设计-建造合同,由机电工程设计-建造承包商进行优化设计,可大大节省成本和费用。各合同都明确业主和承包商在设计、施工、付款、筹集资金、以及完竣工程等方面的责任,进而分派风险。

1)风险分担

合同条件应当全面而准确地反映工程实施中的各种风险。在设计-建造合同中,设计责任属于承包商,承包商必须确保设计能实现MRT的预定功能。合同条件须规定承包商自费纠正设计中的任何缺陷,承包商必须设法管理上述风险,可充分利用本公司的设计队伍承担设计工作,也可将设计任务分包给外面的咨询公司,将风险转嫁他人。分配风险的基本原则是:谁最有能力控制,最有能力估算费用,就将风险分配给谁。

MRT项目主要风险可分为三大类:业主可以控制事件的有关风险、承包商可以控制事件的有关风险和合同双方都无法控制事件的有关风险。

2)业主可以控制事件的有关风险

①变更。业主有权提出变更,但无权扩大合同工程范围,无权要求承包商在MRT车站上方或其连接处进行任何房地产开发。由若干互相联系的合同组成的项目,在合同中列入加速或减缓区段或整个工程进度的条文很有好处。业主提出的变更,应当按照合同规定向承包商付款。

②付款。土木工程授标时,业主给了预付款。机电合同价中列出采购零、备件的暂定金额。承包商须提供预付款保函。向承包者支付前六个月进度款之后,业主开始回收预付款。(监理)工程师签发付款证书后21天内,除了根据普通法律所规定的任何冲账或反索赔权利之外,业主必须根据该证书向承包商支付款项。

3)承包商可以控制事件的有关风险

①履行合同。承包商应严格按照业主要求说明书履行合同。设计-建造合同承包商的责任范围和份量,远远大于一般施工合同,风险要大得多。

②设计责任。土木工程概念设计图纸,由业主聘用的咨询公司编制。指明一般大尺寸、业主选定的概念设计和各种实在制约因素。土木工程图纸表明车站的概念设计和路线位置,发给机电工程承包商,作为其投标的依据。投标文件中应体现业主提出的概念设计,业主认可的仅仅是中标承包商设计中的原则,以后还要深化。

业主务必查明承包商是否在建议书中加入了某些技术限定条件。在确定合同结构时,业主一定要将其要求交代清楚。这样容易发现承包商对于业主要求所做的哪些保留或限定不符合业主的要求。这样做,承包商就必须承担严格服从业主要求的风险。合同还进一步要求承包商澄清业主要求说明书,以及业主要求说明书和承包商建议书之间的所有含混不清和彼此矛盾之处,并自费解决,业主不再另外付费。

承包商应确保自己的设计有足够的深度、切实可行、适合于其用途。监理工程师认可承包商的设计,并不损害业主日后因承包商的最后设计深度不够、不可行或不适合其用途而向承包商提出补偿要求的权利。对于机电合同,业主进一步要求承包商确保业主获得复制承包商设计文件的必要权利。

合同规定,工程的设计必须在中标后分阶段逐步深入。承包商须分两个或三个阶段提交其建议书。第一阶段,承包商应提交中间设计文件,将概念设计细化到一定程度。可为土木工程承包商现场开工创造条件。对于机电工程,承包商第一阶段提交的建议书应当完成设计的80%。对于土木工程,承包商应当提交一份预结束建议书,澄清此前遗留、尚未解决的设计问题,并将业主对以前各中间设计文件中发现的问题所提出的意见考虑在内。最后提交的设计文件应当让工程师能够据以验收一些尚未完成、但不完成就无法最后完成整个设计的零星设计工作。最后,承包商应当提交一套完整的合同图纸和技术要求说明书。

业主在发包土木工程合同时,建筑工程的范围和性质尚属未知。所有土木工程都为这些建筑工程留出一笔"暂定金额"。承包商必须严格按照业主要求说明书进行这些建筑工程的设计,并安排其施工。

合同要求系统承包商向土木工程承包商提供必

海外巡览

要的资料,以便后者设计土木工程时考虑,为机电设备做好准备。这些要求一般都反映在"设备综合图"和"结构、机电综合图"中。不同专业之间的界面若处理不当,很容易造成设计问题,机电和土木工程设计之间的冲突难以避免。

③工程施工。业主从一开始就将工程施工的全部责任交给承包商。开工后,土地法律法规若有改变,且对其工程施工责任产生不利的影响,则承包商就要承担风险。因此,合同明确地规定了承包商完竣工程的基本义务。

合同明文规定,招标时提供给投标人的岩土资料不属于合同文件,因此业主不对此类资料的准确性负责。

合同进一步规定,如果承包商能够证明,尽管他已经进行了必要的现场考察,但是仍然遇到了即使老练的承包商也无法事先预料到的不利条件,并因此增加了开销,那么就允许他另外提出补偿要求。

同样,业主承认,对于土木工程的设计-建造合同,承包商必须为建筑工程做好安排,一旦建筑工程设计完成并获批准,就能够马上付诸施工。但是,这种安排不应当损害承包商完竣整个工程的全面责任。

业主虽然考虑了使用指定分包商完成建筑装修工程,并保护土木工程承包商,但是经过考虑最后还是决定在安排分包合同时,让建筑装修工程分包商在所有的方面直接向土木工程总承包商负责,以便统一责任关系。

业主将控制、管理和监督分包商的责任交给了土木工程总承包商。在工程的早期,若必须由业主安排分包合同,则业主会向分包商说清楚,在确定了总承包商之后,应当同该总承包商签订分包合同。

在总承包合同招标时,向所有的投标人说明,要求他们按照招标文件的条件和条款签订分包合同。这一"包办"过程给业主带来了很大的灵活性,既不会延误工期,也在选定土木工程总承包商之前就维护了土木工程总承包商管理分包工程的全面责任。

④保险单。业主知道,将很大一部分工程施工的风险放到土木工程承包商身上,势必对标价产生影响。于是,业主通知所有的投标人,通过投保转移上述诸风险中的一部分。为此,业主安排了一个总保险单,为所有施工工程投保。

在安排总保险单时,业主先邀请保险经纪人对施工过程中可能会出现的风险进行评价,评价之后再确定总保险单的各个方面。这样,土木工程承包商就可将一部分风险转移到保险公司身上。该保险单规定了上述转移的上限,超过上限的风险均由承包商自己承担。

4)合同双方都无法控制的事件有关的风险

①汇率变化和融资。招标文件明文规定,凡投标人提出用外汇支付之处,业主只接受同新加坡货币管理局商定的货币。业主只同意支付中标时规定数量的外国货币,所以,承包商不能根据汇率变化提出补偿要求。

②天气条件。合同中有足够的条文规定遇到特别恶劣的天气条件时,承包商可以提出延长工期的要求。

(2)设计-建造合同承包商之间的协调

1)概述

地铁机电系统数目繁多,主要有:信号系统、广播系统、时钟系统、通信系统、电视监控系统、给水排水系统、牵引供电系统、气体灭火系统、自动消防系统、消防报警系统、地铁环境控制系统、屏蔽门系统、自动售检票系统、车站设备监控系统。

主要需要协调内容:MRT项目一期工程机电系统承包商承担的施工协调责任;业主、机电和土木/结构工程承包商之间合同关系;各专业之间的协调关系;详细设计和进度计划的协调与衔接。

最理想的情况应当是:从项目一开始,各承包商就编制出各自完善的设计进度计划,各进度计划都明确规定好各个决策日期,避免合同进度计划出现无法衔接之处。

只要各方面当事人积极合作,就能克服实践中经常遇到的困难。然而,即使计划再周到,施工阶段仍然会遇到设计方面的协调问题。业主一定要建立设计协调班子,协调从开始到试运行的全过程设计工作。

地铁这种规模大、技术复杂的项目,由承包商负责设计(和采购)可以节省全过程时间。同由工程师负责设计的合同相比,这种合同不需要由业主建立或聘用承担大量设计和协调工作的设计管理队伍。

承包商负责设计的合同,利用了承包商现成的,或者可以迅速动员的资源。这种安排在项目的开始阶段最有利,工作可以很快启动,打开工作局面。同时,业主可以建立项目管理班子负责无须外包的工作。

由承包商负责设计的合同节省时间,但必须具备以下三个条件。

一是承包商拥有自己的设计班子,或者可以利用外部资源。对于MRT项目而言,由于是国际招标,许多国际大承包商都具有这方面的经验和能力。

二是业主必须拥有胜任监督承包商设计工作的工程技术人员,确保他们的设计满足公认的设计标准。

三是事先已经进行了充分的规划工作,为正确协调各承包商的设计工作创造了条件。

MRT的一期采用了让承包商负责设计的合同,要求各承包商集体承担协调的责任。这种安排在明确各承包商之间,以及各承包商和业主之间的合同责任方面不可避免地引发了一些问题。为解决这些问题,业主提出的办法是,让土木/结构工程承包商承担他们所在标段的全面协调责任,而让机电系统承包商负责提供有效地实施全面协调工作所必需的所有资料。采取这个办法,虽然在许多方面若能更仔细地规划或事先想到就能做得更好,但一般说来是成功的。

2)合同要求

MRT一期工程主线部分分成12个不同地段的土木/结构工程合同和11个机电系统合同。12个土木/结构工程合同之一,大部分是地上结构工程。鉴于公众对地上结构的外观要求,该合同由工程师负责设计。其他11个土木/结构工程使用的都是设计-建造合同,而11个机电系统合同使用的都是设计-采购-施工(EPC)合同。

①机电承包商的义务。机电合同的一般技术要求说明书都要求同其他承包商进行必要协调。合同中与此有关的条文大意如下:

合同条款中有要求机电承包商将其设计和施工工序同所有其他在MRT项目上工作的承包商、所有其他(地面以上或相邻的)民营承包商,以及所有受本工程影响的公用事业机构和国营水电气话局协调。在这方面,机电承包商的工作就必须按照工程师批准的方式和顺序进行,不能干扰其他相邻当事人。

②承包商之间的协调。上述一般技术要求说明书的附件详细说明了协调的程序和对机电承包商提出的要求。该附件要求各承包商建立协调小组,各小组要建立联系,互相见面认识,在该承包商、同他联系的承包商和业主之间就各设计和施工事项形成有效的沟通渠道。协调小组由承包商领导,叫做项目协调员,组织和控制现场检查、会议、讨论、报告、数据、以及所有其他本公司要求或一般协调过程要求的事项。已经向这些协调小组交代清楚,由于设计和施工过程有许多交叉重叠,所以他们必须保证现场24小时随时有人。

③协调图。合同文件中规定的各个界面之间的关系可见图1。从图1可以看出,车站或车站/隧道区间内的基本协调责任都明确地交给土木/结构工程承包商。为了让土木/结构工程承包商有效地履行协调职责,系统承包商必须提供所有的必要资料。

3)设计协调

各承包商的设计必须经过协调才能保证地铁完工后符合要求地安全运行。各个系统和结构的设计不仅必须满足业主确定的设计原则,而且必须保证不影响其他系统或结构的使用功能。铁路工程的所有系统之间都在某种程度上互相影响,都影响容纳本系统的构筑物。"环境控制系统"和"车站和隧道辅助设备"合同对项目的影响最大。

车站的结构设计必须充分考虑如何以最低的成本安装机电设备。为此,必须在早期阶段就确定设备的尺寸和安装位置,并将这些资料提供给结构设计人员。反过来,为了恰当地确定对设备的要求,系统设计

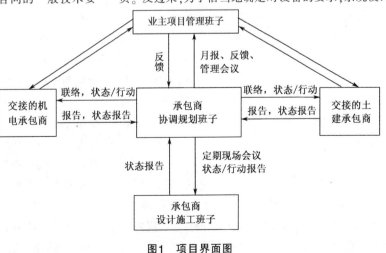

图1 项目界面图

人员必须知道结构的详细形状和尺寸,以及所有其他需要汇总到整体设计之中的系统的设计依据和准则。

系统和结构设计人员只有在反复多次进行设计协调之后,才能完成全部最后设计。例如,电力系统设计人员,只有在了解通风系统的电力负荷之后才能就变电站所需的通风系统提出意见。而通风系统取决于结构布置和变电站的要求。

相互关联的详细设计和协调还必须考虑施工的实际进展情况,对于设计和施工同时进行的MRT项目尤其应当注意这一问题。

开始时提出的一些想法往往不合适,在施工过程中提出变更难以避免。变更经常将承包商置于被动局面,他们不得不为此而说明为什么要将工程"作废"。

在项目开始时业主不可能将所有的要求都准确地提出来,因此必须在合同中保留提出变更的权利。只有随着设计的进展,业主才能逐渐明确自己的使用要求,而这种情况就会影响设计的最后完成。因此,业主就可能感到有必要签发变更指示,对个别合同重新提出自己的要求。而对于互相关联的合同,这些变更会必不可免地造成互相联系的各个设计文件的修改。受到影响的各个承包商必须为这类变更做好准备,必须留有余地,灵活地将这些变更考虑在内,同时要保证为自己付出的额外努力取得应得的足够补偿。

当地国营机构的各种要求对于设计和协调过程所施加的限制,也必须加以考虑。大型公共交通设施项目必然会影响到,并依赖于整个国家的实体运输基础设施。道路和水路必须改线,排水系统和电缆重新敷设,必须建设变电站,等等。

最重要的是,邻近,或者处于MRT车站上方的土地的最后的开发计划随时要得到批准。这种情况所造成的后果是,即使已经尽了最大努力在设计中留有余地,但拖到最后,还是需要做出变更。例如,在Toa Payoh车站,直到1986年下半年,还对车站空调系统的冷却塔的位置进行了变更,以便满足住房和发展局的开发计划的需要。

4)进度计划协调

施工协调的第二个方面是制订进度计划。所有的施工现场,都必须制订出统一的安装进度计划。

当几个承包商为实现他们各自的目标而同时挤在一个现场时,进度计划的协调就更为重要。各承包商都要随时确定为满足自己的具体要求而使用施工现场某一规定区域的日期,以及时间长度。该规定的区域的完成程度必须足以展开该承包商的工作,已经有了将设备运抵现场的路线。

制订统一的安装进度计划,同设计过程非常类似,是一个多次反复的过程。每一个参加者在提出自己的要求之后,都要对其进行审查和调整,以便同他人的要求相适应。灵活性是非常重要的,因此,"环境控制系统"和"车站和隧道辅助设备"能够表明,他们在哪些地方进行活动。制订完成的统一安装进度计划对于指定区域内的设施完竣时间在保证不破坏各工序之间的逻辑关系的前提下,给予了优先考虑,以便满足其他系统承包商进入现场的要求。

必须认识到,虽然理想的统一安装进度计划应当让个别承包商在某给定区域按先后顺序展开工作,但是整个项目必须在规定时间内完工这一点却要求各承包商必须同时平行展开工作。进度计划中必须留有余地和灵活性,以便保证当承包商不能在事先商定的日期进入现场时,其工作也能在受到限制的情况下展开,同时尽量减少该承包商因为窝工而开销的费用。

一旦编制完成,并得到各方认可,该统一安装进度计划就会变成监督工程进展的非常有用的手段。业主和各承包商都有他们自己的办法比较计划的和实际的进度。

5)绘制技术可行性图纸

在规定的合同期间,系统承包商必须向其他系统承包商和土木/结构工程承包商提供有关的设计资料。例如,"环境控制系统"承包商必须确定容纳每一车站需要安装的设备的机房尺寸。必须确定该设备的重量和外轮廓尺寸,以便正确地规划将其运来、就位和进行日常维护所需要的出入口。

这一资料,连同其他系统承包商提供的资料都要由土木/结构工程承包商综合到建筑布局图纸中。如此编制的综合设计文件是绘制"设施综合图"的基础。"设施综合图"表示了所有系统主要设施的线路,对于协调工作非常有帮助。

与"设施综合图"平行的还有几套表示结构同各机电系统交接关系的图纸,叫做"结构机电图"。

"结构机电图"表示了所有影响结构设计的大尺

寸穿洞、基座、边缘、预埋件,等等。初步设计资料和"设施综合图"是编制在合同中规定的日期前提交给业主审查和批准的个别承包商设计文件的基础。在确定了初步设计之后,反复进行多次设计深入,对于每一个承包商的设计图纸,都要随着对互相交接的承包商和业主的要求的理解的加深而进行几轮调整。这一过程伴随着按照土木/结构工程合同的个别合同进度计划展开的实际施工进展而反复进行。

业主将编制"设施综合图"和"结构机电图"的责任交给了土木/结构工程承包商,要求他们充分理解和认识这一复杂的设计协调过程,并拥有必要的设计人员实施控制。

此外,业主需要拥有一支属于自己的、由具有丰富经验的专业技术人员组成的强有力的设计队伍,全身心地参与和投入到解决发生于优先顺序和要求之间的冲突的任务中去。

开始时将协调的合同责任交给了土木/结构工程承包商,缩小了业主项目管理班子的规模。但是,整个MRT项目逐渐建立起了大约41个土木/结构工程协调小组(假定每一个车站一个小组)。各承包商使用的标准和确定的优先顺序之间彼此相差悬殊,当标准和优先顺序的财务影响特别大的时候,尤其是如此。因此,必须始终将协调过程置于控制之下,确保业主拥有足够的人力资源,解决界面冲突。

6)制订施工进度计划

施工进度计划必须与详细设计并行编制。合同文件规定了管理方面的要求,要求每个系统承包商都为其承包的整个工程编制关键路线图。该图必须显示每一施工现场合同规定的开始和结束日期;主要工序的性质、持续时间和彼此之间的逻辑关系。

进度计划都用网络图表示。当工序在时间上重叠时更应当如此。工序之间的逻辑关系非常清楚,容易同互相关联的合同进度计划进行比较。网络图特别有利于数据处理,将关键资料以表格的形式表示出来。在合同工程的规划阶段应当尽早进行"首次演练"。

系统承包商提供的资料由适当的土木/结构工程承包商综合到"统一安装进度计划"之中。"统一安装进度计划"一般都采取概括性的横道图形式表示在规定的区域内各项安装工作的顺序,直到试运行为止。然后,各个合同的进度计划都作为"统一安装进度计划"的组成部分,通过类似于详细设计时用过的那种多次反复的过程进行编制。

各系统承包商的优先顺序,特别是试运行要求的优先顺序在很大程度上决定了车站内各工程的先后完成顺序。例如,电源开关加电之前各事件的先后顺序。这些事件是将所有的机电系统投入试运行的先决条件。某具体的车站在某日期之前可能并不需要电力,但是车站内的开关却可能必须加电,否则就无法将电力通过车站之间的隧道输送到下游的各个车站。这种局面大大提高了具体变电站和电源开关室及其辅助设施的优先顺序。

日常的施工协调要求编制短期进度计划,这种计划提供的信息要比"统一安装进度计划"和个别的合同进度计划提供的信息详细得多。详细的进度计划采取横道图的形式。表示该现场今后4个星期内的工作。这样一来,就要求所有有关当事人的现场人员都要付出巨大的努力。但是,最后编就的进度计划易懂,因此是极为有用的现场管理工具。

7)总结和结论

MRT各个合同彼此联系,其中任何一个变化都不可避免地引起其他合同的变化。因此而增加设计费用不可避免。尽量减少变更才符合业主的利益。同样,无论是设计,还是施工的合同进度计划都要统一、一致,并互相衔接。如果具有不同合同优先顺序的其他当事人尚未提供重要的信息,早早完成某个设计任务没有意义。

本文的初步结论如下:

①像MRT这样大型、复杂、资金数额大、移动性很强的施工项目,施工协调的重要性无论如何强调也不会过分。在授标之前必须竭尽全力确保中标的承包商充分理解该协调过程,并表明他们拥有必要的资源和能力满足这些要求。

②记载合同事项的文件必须全面、完整、一致。MRT的许多承包商都在世界各地承包工程,但是对新加坡的建筑业却缺乏经验。他们根据合同上的字句估计和确定自己的合同责任。例如,土木工程/结构工程与机电工程合同文件就一些小事所做的规定之间若出现任何不一致,都会让当事人花费大量时间和精力信函往来,甚至会造成摩擦。

(待续)

美国建造业
7月新开工建设总值下降11%

◆ 黄 晔

美国麦格劳-希尔公司(McGraw-Hill)地产建设部8月17日最新统计月报公布,美国7月建筑建设新开工项目总产值受季节性调整因素影响,较上月下跌11%,达到5881亿美元。

其中,非住宅建筑经历了几个月的强势增幅,在6月达到高峰,本月呈现回落;住宅建筑持续低迷;公共建筑类项目在环境类项目的带动下有所增长。

Dodge杂志7月建筑业经济指数从6月的140点滑落至124个点。前7个月,建筑建设新开工项目总产值调整前总值为3632亿美元,较去年同期下降13%。将住宅建筑调整进来,建设新开工项目总值较去年增长2%。

新开工建设月报
由McGraw-Hill地产建设部研究与分析组提供
新开工建设月总值(经季节性调整)

(单位:百万美元)

	2007年1-7月	2006年1-7月	% Change
非住宅建筑	$124,487	$123,750	+1
住宅建筑	162,714	219,718	-26
非建筑建设	75,970	72,243	+5
总计	$363,171	$415,711	-13

新开工建设1-7月总值
(经季节性调整)

(单位:百万美元)

	2007年1-7月	2006年1-7月	% Change
非住宅建筑	$124,487	$123,750	+1
住宅建筑	162,714	219,718	-26
非建筑建设	75,970	72,243	+5
总计	$363,171	$415,711	-13

Dodge指数
(2000=100,经过季节调整)

2007年7月..124
2007年6月..140

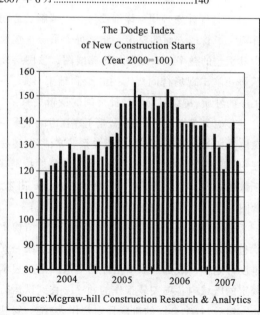

非住宅建筑（Nonresidential building）7月下降23%，至1954亿美元。6月，新开工总值上升27%，其中包括5个大规模项目，总产值超过5亿美元。如果6月的5个大规模商业项目被排除，6月的商业项目总值则下降4%。

7月最大的下滑来自于制造业建设。6月启动了一项总值10亿美元的炼化扩容工程以及6亿美元的汽车制造项目，造成7月的月增长为负72%。制造类地产的ethanol厂房建设有所上升，包括3个产值均在8000万至1.3亿美元之间的新开工项目。

宾馆建设的缩减最大，由于拉斯韦加斯在6月启动了一个12亿美元的Fontainebleau酒店/赌城项目中宾馆部分的建设，致使本月降幅达70%。

娱乐设施建设下降55%，仍然是由于Fontainebleau赌城在上月开工。

办公楼项目出现总值均在2亿美元的新开工项目——分别位于纽约州和华盛顿。此外，亚特兰大的一个写字楼新开工项目产值也达到1.46亿美元，有效减缓了整体的降幅，为11%。

其他下滑的细类包括：仓库:18%；教堂:12%；医疗健康:11%；以及教育:3%。

非住宅建筑中也有部分细类在本月呈现小幅增长。比如百货业:4%，年总增长为12%。麦格劳-希尔公司地产建设部副总裁Murray指出：今年数据显示的百货业的增长值得关注。通常，百货业的增长是与住宅增长同步的，但是，迄今为止，住宅的持续下滑并未阻止百货业的强劲增势。

公共建筑上升23%，包括1.14亿美元的拘押所，以及9900万美元的法院，均坐落于丹佛市。此外还有1.1亿美元的Combat Support服务中心，位于乔治亚。

交通枢纽类在本月上升27%，包括纽约布鲁克林的火车站1.09亿美元，和佛罗里达奥兰多机场总值8000万美元的安全检测系统。

住宅建筑（Residential building），继今年数次下滑后，继续下降11%，总值为2495亿美元。单个家庭住宅下降7%。按地区分，东北部与中南部均下降1%，中西部与西部下降8%，南加州下降11%。Murray指出："由于次信贷市场的混乱正在持续，住宅市场近期内无法见到阳光，闲置房总量将持续处于高位。"

多家庭住宅继前两月总量上涨28%之后出现26%的降幅。本月新开工几个大型的多住宅建筑，分别位于西弗:1.4亿美元；北卡:1.3亿美元；弗吉尼亚:9800万美元，但与上年相比，大规模的多家庭住宅总数明显缩减。

非建筑建设（Nonbuilding construction）新开工建设年总值上升13%，至1431亿美元，主要贡献来自于环境类项目。

垃圾处理项目激增89%，包括多个大型项目：华盛顿处理辐射类垃圾项目:12亿美元；密歇根综合污水治理项目:1.55亿美元。

河道/港口建设项目增长28%，供水系统增长3%。

Site项目和综合项目显著上升38%。综合项目包括一个室外体育馆，纽约的巨人队与火箭队的橄榄球馆:7.5亿美元。

公共交通设施部分总值与上月持平。其中，桥梁建设下降6%。与上年相比，高速公路与桥梁前7个月总值分别增长4%和25%。电力建设下降72%，极大拉低该细类总体增幅。

总体而言，非住宅建筑建设上升1%，住宅建筑建设下降26%，非建筑建设上升5%。年增长而言，住宅建筑建设的跌幅虽小于春天，但是仍呈持续状态。从地方而言，中南部下降9%，东北部10%，中西部11%，南亚特兰大13%，西部下降17%。

运用组织行为学加强对首都机场GTC项目的管理

◆ 黄克斯

(中国建筑第八工程局，北京 100097)

一、GTC项目的情况介绍

北京首都国际机场交通中心工程是由国家、民航总局和首都机场集团公司共同投资的扩建项目，是2008年奥运会的重要配套设施，也是目前国内单体体量最大、停车数量最多的交通设施，属国家重点工程，将成为中国和北京的新标志性建筑。该工程占地面积197400m²，建筑面积34万m²，总建筑高度25.5m，地下3层，地上1层，总造价16.1亿元，2004年8月开工，总工期26个月。

二、运作系统的组织结构

我们按照总公司、八局"缩短中间管理链条"的要求，遵循"总部服务控制、项目授权管理、区段施工保障、重点集中统一"的管理原则，建立和完善了项目管理的组织结构，形成法人层次(项目总承包部)——各区段经理部两级管理。以项目总承包部为中心的决策层，以归口管理部门为管理层，以区段为实施作业层，区段之间有序竞争，部门分工合作的项目管理体系。使各专业管理体系相得益彰、井然有序，有效地利用了项目资源(图1)。

三、主要运作流程

在项目实施过程中，总承包部坚持以人为本的管理理念，在严格执行三个体系文件标准的基础上，针对工程的特点，制定了17项涵盖质量、安全、施工管理、成本控制、材料管理、工资考核、办公费用开支等的规章制度和管理流程。具体讲就是三个原则(统一策划、分头实施的原则；充分发挥总承包部、区段两个积极性的原则；有利于管理目标实现的原则)；两个合同(局总部与总承包部签订管理合同，明确总承包项目部人员编制、考核指标、费用节约和奖罚办法；总承包部代表局与各区段签订承包范围内的项目管理责任书，明确管理指标、费用核算办法、管理要求、资金支付

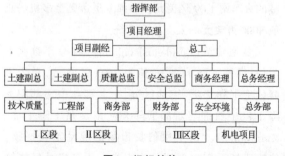

图1 组织结构

和使用办法等);七个统一(统一对接业主、监理和有关部门的口径,统一现场管理,统一目标,统一劳务队伍的选择,统一分包模式,统一办公和住宿设施,统一技术、质量和安全管理标准);三个集中(大宗材料集中管理、人员集中管理、资金集中管理)。通过管理模式的完善和管理制度的建立,使"用心工作,按制度办事"的理念不断融入和渗透到施工与管理工作的各个方面及每个环节中,使管理有章可循、严而有据,引导全体员工直接参与各种管理活动,形成了强大的向心力(图2)。

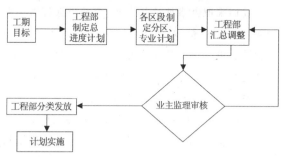

图2 进度计划主要管理流程

四、运作体系对GTC项目问题的分析

为了确保实现项目管理目标,并尽可能地争取项目效益的最大化,交通中心工程开工伊始,局总部及时派出了由工程、合约、财务、人力资源等部门组成的项目整体策划小组,对项目的管理目标、施工重点与难点、施工组织思路、成本控制、工资标准、效益分配等进行了事前策划分析,出台实施了《施工管理策划书》、《项目费用考核管理办法》、《项目成本管理办法》、《项目劳务合约管理办法》、《项目职工岗薪实施办法》、《项目施工承包责任书》等,加强了总部对项目各阶段的过程控制和服务。

(1)加强对责任成本的支持。项目总承包部根据局总部明确的各项费用考核指标,以审定的施工图为依据,实事求是地确定计划成本,用倒推法确定内部成本控制目标、分项目标和阶段目标,以年、季、月计划的形成,将成本控制分解到施工管理的每个环节,落实到参与施工的每个区段和每个管理人员身上,使每个环节都承担降低成本的责任,形成了全员降成本、挖潜力、增效益的局面;工程总承包部与各部门、各区段层层签订了成本责任书,从而把各区段和项目总承包部的责任权利与项目的经济效益紧密地结合在一起,建立了完善的成本管理体系。同时,为掌握项目成本情况,总承包部每月定期组织各区段进行一次项目成本分析会。对照项目的责任成本要求,重点分析材料费、机械费、人工费和管理费等费用的实际发生情况,找出费用节超原因,提出下月改进措施和降低费用重点,把握重点环节,使总承包部牢牢掌握控制成本的控制权。

在大宗材料的管理上,我们按照局北京有关大宗材料管理的规定,坚持大采购理念,对钢材、商品混凝土根据施工进度及用料数量统一采购、集中供应。采购部门负责采购合同订立,采购与管理分离,规范了收料程序,加强了现场监管,建立定期预警和监督情况公开制度,实施材料消耗全过程的跟踪监控。通过对大宗材料的集中采购与材料商建立了良好的合作关系,并取得了可观的经济效益。如在钢材的采购上,我们根据项目特点,按设计要求,对部分钢材进行了定尺加工,交通中心工程总用钢量约9.5万t,定尺加工约60%,按每吨节约消耗4%计算,节约钢材约2000t,节约成本760万元。同时,大规模集中采购比零星采购每吨价格降低约50~100元,每吨按50元计算,降低材料成本约475万元。在商品混凝土的采购上,我们通过招投标,每方可降低采购成本10元,交通中心工程混凝土用量约44万 m^3,通过集中采购可降低成本约440万元。通过我们初步估算,钢材和商品混凝土两项预计降低成本近1700万元。

在资金管理上,我们按照总部资金集中管理办法和程序,项目工程款的收支全部纳入局北京结算中心,并按各区段工程报量,经总承包部经理与合约、质量、安全、物资等业务人员会签后,由结算中心收支。为使项目成本运行的各个环节得到有效的控制,我们对各区段形成的每一个合同,进行审核把关,重点审查合同的付款情况,使总承包部不仅对各区段的费用支出及管理情况做到了如指掌,还能及时修正项目运行中出现的问题,加强了过程的成本监督,达到事先预防,事中控制。

为了推进项目管理新模式,体现责、权、利的统一,我们推行了项目风险抵押责任制。GTC项目中标后,局总部及时组织商务人员对投标书进行了标价分离,在科学测算责任成本、利润、管理费的基础上,实施了项目全员风险抵押责任制。同时,总部与GTC项目总承包部经理签订了以质量、安全、工期、效益"四控制"为主要内容的《项目管理承包责任书》。明确了总部、项目总承包部、项目经理对工程的责任和权利。建立了以项目经理为中心的成本控制体系,形成了压力、风险共担的激励约束机制。

(2)加强对工期的支持。项目计划的均衡管理是工程施工顺利进行的基础。为此,在GTC项目的实施之前,我们在总部的具体指导下,对劳务队伍选择、材料及大型设备的进场、施工区段划分、工序穿插配合等方面做了全面的计划管理,并应用计算机技术,建立了整个项目的三维仿真模型,形成了全部系统的综合协调图。通过此项技术的应用,在项目施工前就发现了两千多个问题,避免了在施工过程中的盲目性,既节约了成本,又妥善解决了大型项目机电综合协调的难题。同时,我们针对仿真过程中发现的问题,对工期控制按年、季、月、旬、周进行了分解,形成了计划目标管理体系。确定了各区段的进度目标、明确了不同工序交接的条件和时间。同时,我们通过每月一次的生产调度会和质量、安全、进度、文明施工等九个方面的阶段性竞赛评比活动,有效地调动了四个参建单位的施工积极性,形成了争先恐后的你追我赶的氛围,保证了施工计划的完成,严格履行了合同承诺。GTC项目自2004年8月开工至2004年12月15日实现了扩建指挥下达的第一节点任务。用165天时间完成土方开挖160万 m³,防水36万 m²,钢筋绑扎4.5万 t,浇筑混凝土20万 m³。目前整个工程进展顺利,将创造我局建造史上的新速度。

(3)加强对质量、安全的支持。在质量管理上,我们按照总部确定的确保"长城杯",争创"鲁班奖"的质量目标,项目部成立了质量领导小组,完善了质量保证体系,下发了《质量管理体系预防措施》,制定了《质量管理办法》、《质量奖罚规定》等制度;从总包部到各区段配备了质量总监,并配备了足够的持证专职质检员,整个质量体系按照职责、分工有序地开展工作。在施工过程中,深入贯彻ISO 9000质量体系标准,保证质量管理体系的正常运行。我们采取办事处每月一次,总承包部每周一次的质量跟踪检查,对预应力施工、混凝土标号及配合比等关键工序与特殊过程进行重点监督。同时,按规范要求对原材料进行质量检验,严禁不合格品进入施工现场,严格执行规程规范、工艺和"三检制"(图3)。通过体系的建立和过程控制,使GTC项目工程质量达到了较高水平,受到了北京市质量总站的高度评价。

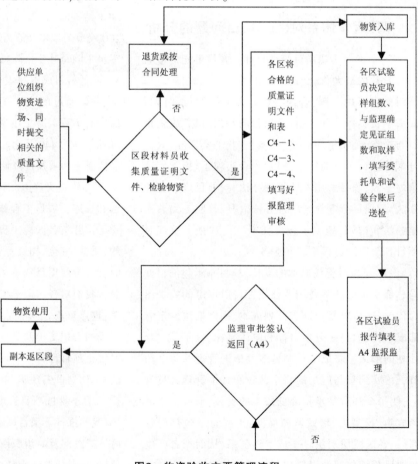

图3 物资验收主要管理流程

在安全管理方面,为了落实局总部提出的确保北京市安全文明工地、总公司CI金奖的目标,我们针对"工程量大、参建人员多、工期要求紧、深基坑作业边坡线长、群塔作业"等特点,项目部建立了1个生产安全委员会,20个领导小组(三个区段、安装各1个、劳务队伍16个),配备安全员21名。项目安全部坚持每天巡查一次的同时,加大了对施工代班人员、管理人员及全体员工的安全培训力度,列出各工种《危险源清单》,并发放到班组,认真监控执行。认真落实了安全责任制,组织开展了"我要安全、消灭违章"等竞赛活动,把教育和奖罚有机结合起来,达到了杜绝违章、控制事故的目的。GTC项目自开工以来,在机场指挥部和北京市安全总站组织的安全生产、文明施工大检查中,我局始终名列所有扩建项目之首,还通过了北京市安全文明工地初检。

(4)加强对施工技术创新的支持。项目部建立以总工程师为首的科技创新网络,组织了三个层次的技术攻关。第一层次是由局副总工程师、技术质量部、项目总承包部直接组织的重大技术项目攻关;第二层次是三个区段围绕本施工段生产经营中的薄弱环节攻关和承担总包部攻关的分课题;第三层次是以技术进步为内容的群众性的合理化建议、技术改进和自主管理活动。三个层次的活动充分调动了领导、技术人员和一线工人的积极性,使GTC项目施工技术创新既有突破性进展,又有众多改进成果;既有先进性,又有群众基础。重点对地基基础和地下空间工程技术、高性能混凝土技术、高效钢筋与预应力技术等课题的研究,尤其是在超大、超长大体积的混凝土裂缝的防治技术方面取得了突破。通过技术攻关和大胆采用新技术、新工艺、新方法,以技术创新降低了劳动成本,提高了工作质量和工作效率(图4)。目前GTC项目被建设部确定为新技术应用示范工程。

(5)加强对项目文化的支持。项目文化是企业文化在项目中的具体体现和落实,文化管理是项目管理的更高要求和更高境界。为此,根据总公司、八局关于加强企业文化建设的要求,我们把该项目确定为项目文化建设试点工程。施工管理中,项目部认真学习总公司企业理念和八局"大漠精神"、"先锋精神"、"高原精神"和"海河精神"等项目文化内涵,专门编制了《GTC项目管理策划书》,将项目文化作为项目管理成功的基础,培育具有八局特色和GTC项目个性的项目文化。实施中我们确立了项目信念、项目责任理念和项目管理理念等,同时制定了一系列行为准则将项目具体化。通过项目文化的实施,进一步增强了员工的组织观念,激发了员工的主人翁意识和责任感,打造和培养了项目精神,凝聚了人气,激发了干劲,鼓舞了人心,增强了企业的凝聚力,提升了企业的知名度和核心竞争力。

五、进一步改进的方向、思路以及相关措施

GTC项目已全面进入土建、安装、装饰阶段,各工序穿插配合、交叉作业比较复杂,为使项目高速优质完成,主要任务是要抓好各工序之间的协调管理工作。主要思路及相关措施是:

(1)进一步优化施工方案;
(2)加强对各专业工程质量标准的控制;
(3)加强安全管理工作;
(4)加强综合协调管理力度;
(5)加强现场文明施工。

六、应用企业(组织)运作系统取得的效果

(1)有利于资源共享、协同作战,提高工作效率;
(2)有利于建立企业内部市场化用人机制,搞活企业内部分配;
(3)有利于变事后控制为动态管理,强化了法人对项目的管理;
(4)有利于企业经营机制的全面转换和经济效益的提高;
(5)有利于公司管理流程优化,运作效率大幅提升,提升了企业整体管理水平,增强了企业的竞争力。

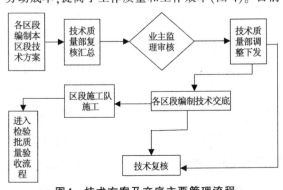

图4 技术方案及交底主要管理流程

解析压型钢板-混凝土组合楼板的质量控制方略

◆ 龚建翔

(上海绿地集团长春置业有限公司,长春 130062)

摘 要:随着现代工程结构的发展,组合结构的应用越来越多,并已成为与混凝土结构和钢结构并列的第三大现代工程结构形式。由于组合结构的受力性能和承载能力往往优于钢结构和混凝土结构,因此在现代超高层建筑中组合结构成为首选的结构形式。目前总高度为242.8m、具有"东北第一高楼"之称的大连期货大厦就是采用了这种新型组合结构形式。文章归纳了该结构在实施过程中所遇到的问题及解决问题采取的一些措施,供其他工程参考借鉴。

关键词:压型钢板-混凝土组合楼板;质量缺陷;质量控制

一、引言

钢-混凝土组合结构是将钢结构和混凝土结构通过一定的方式组合起来共同承受荷载,发挥各自的材料性能优势,实现优势互补来满足结构的安全和使用功能。特别是从美国的"9·11"事件后,由于单纯的钢结构耐火性能差等诸多缺点的显露,使得钢-混凝土组合结构得以迅速发展,并且成为现代超高层建筑普遍采用的结构形式。

目前在建的"东北第一高楼"大连期货大厦的塔楼楼板就采用了这种钢-混凝土组合楼板,通过在施工中对混凝土板的裂缝、压型钢板变形等问题的研究与控制的探索,发现和总结了一些经验以供人们借鉴。

二、压型钢板-混凝土组合板的工作机理和优点

压型钢板是按一定形状(通常为波形)轧制的一种薄钢板,能承受一定的荷载。压型钢板表面通常镀锌以防止钢板锈蚀,本工程所使用的压型钢板为1.2mm 和 1.5mm 厚镀锌板,这种板在施工阶段除作为模板承受混凝土的自重和施工荷载外,还在使用阶段作为混凝土板的受力钢筋,与混凝土共同工作承担使用过程的荷载。这种承担作用主要通过以下几种形式来实现:

1)依靠压型钢板的波纹形状。

2)依靠压型钢板上轧制出的凹凸抗剪齿槽。

3)依靠端部与钢梁相接部位栓钉焊接形成栓锚。

压型钢板具有较为轻便、易于搬运组合并且在安装过程中不用搭设顶撑结构就可直接铺设等优点,使压型钢板-混凝土组合结构在现代超高层建筑中作为楼板的首选形式而得到广泛的推广和运用。

三、压型钢板在安装过程中容易出现质量缺陷的薄弱环节

压型钢板虽有上述优点,但在安装过程和施工

阶段也存在着不足：

1）压型钢板的宽度通常为900mm，在铺装中就需要把每块900mm宽的板侧向公肋与母肋扣合后用专用夹钳固定，且固定间距不大于1000mm。咬口的部位通常在压型钢板的波谷处，连接形式为铰接，从板的整体受力角度来讲，该部位无论是在强度还是刚度上都是最薄弱的环节。

2）压型钢板属弹性金属材料，在长度超过一定限度、底部缺少支撑时，在施工荷载的作用下会产生较大的挠度。

3）为了工程需要有时需在板上临时开洞，在不采取加固措施的情况下，在孔洞周围形成应力集中现象而使周围形成大面积变形的塌陷。

4）在钢梁上固定压型钢板采用栓钉焊接时，如果焊接过程中对焊接参数掌握不好，容易把压型钢板焊穿。

四、压型钢板-混凝土组合结构楼板容易出现质量缺陷的部位和变化的趋势

由于压型钢板侧向公母肋采用咬合式铰接连接，此部位是压型钢板连接处最薄弱的环节，在浇筑完混凝土后通常在此部位产生贯通性裂缝，裂缝方向与板的铺设方向一致，间距为900mm左右。并且随着楼层高度的增加，裂缝的数量和宽度也有所增加。笔者对现在正在施工的期货大厦项目作以统计，在2~15层裂缝仅是30~50层的1/3左右，随着主体结构的封顶，裂缝的数量和方向有所变化。

上述裂缝增加的原因也与超高层建筑的水平位移有关，在通常情况下随着高度的增加、风荷载等水平荷载的加大，就会不可避免地产生层间位移，并且位移的量也由下到上逐渐增大，这种加大也会使压型钢板上混凝土的裂缝数量成比例增加。

五、压型钢板-混凝土组合结构的施工控制要点

针对压型钢板-混凝土组合结构的缺点和弊端，我们针对性地采取了以下几种措施：

1）对于压型钢板我们尽可能选用与本工程钢梁跨度相对应的板厚，减少钢板的挠度，同时对于跨度较大的部位在下部采用钢架管做局部顶撑来减少局部的挠度。

2）在对压型钢板开洞当洞口尺寸小于500mm×500mm时采用后开洞方式，先在洞口四周加焊角钢以增加洞口的刚度。当板上洞口尺寸大于500mm×500mm时，采用压型钢板先开洞的方式，并在洞口四周设置小次梁和镀锌边模。

3）如果有条件可将压型钢板与压型钢板之间用焊接方式连接，以避免咬口铰接所产生的强度刚度较其他部位薄弱的弊端。如果是采用咬口铰接，可在接口的部位增设加强层，并用点焊的方式连接，以解决板缝强度不足的缺陷。

4）对浇筑压型钢板的混凝土尽可能采用水灰比小、坍落度小的干硬性混凝土；同时在施工过程中对面层不采用机械提浆和压光的办法，改用人工提浆压光。以避免因在混凝土终凝前由于抹光机产生的振动荷载和压型钢板产生的振动形成共振，对尚未终凝的混凝土产生挠动，造成在板的连接处薄弱部位产生混凝土裂缝。

5）加强混凝土的养护工作，保证在整体面层施工后养护时间不少于7d；在抗压强度达到5MPa后方准上人行走；抗压强度符合设计要求后方可正常使用。

6）针对特殊地区，如经常遭受台风、处在地震带上、对抗震设防要求较高的地区，在设计中采用安装消能减震装置（也称阻尼器），以消耗风或地震输入的能量，减少结构的反应，从而达到减少层间位移的目的。

7）在有条件的情况下，在设计中将水平加强层的数量增多，从而达到调整结构内力分配作用，减小结构的侧向位移。

总之，对压型钢板-混凝土组合楼板的质量控制要针对具体工程的具体情况采取综合措施，以降低或消除对结构和使用功能的影响，从而达到对新型组合结构的使用更加科学合理，以推动建筑业从传统的材料和工艺向新技术、新工艺领域有一个新的跨越式发展。

燃煤电厂大型设备吊装技术与应急措施

◆ 刘 彬

(东北电业管理局第四工程公司，辽宁 辽阳 111000)

摘 要：本文阐述了燃煤电厂大型设备吊装技术与应急措施，为确保燃煤电厂建设中大型设备的顺利吊装，避免安全事故的发生，提供相关的吊装技术和应急措施经验。

关键词：燃煤电厂；设备；吊装技术；应急措施

引言

为适应我国国民经济发展对电力的需求，燃煤电厂装机容量逐年快速增加，单机容量大幅提高，目前我国已有许多单机容量600MW、800MW、1000MW的超大型火电机组大规模建设。大容量机组的本体结构发生了较大的变化，设备的外形尺寸和零部件重量大幅度增加，这些变化对工程建设而言都是新的挑战，特别是大型设备的吊装，已成为超大容量机组工程建设施工中的难点、重点。能否解决好大型设备的顺利吊装这一难题，关键是要有切实可行的吊装技术和应急措施，这也是确保发电厂工程建设顺利进行的重中之重。

燃煤电厂安装中，大型设备吊装主要包括：锅炉钢架（大板梁）、锅炉汽包、除尘器、发电机定子、转子、变压器、汽轮机本体、汽机间桥吊、加热器、除氧器、除氧水箱、脱硫吸收塔及GGH等设备的吊装。为保证电力建设工程中大型设备吊装过程中的顺利、便捷、安全，需有先进、科学、可行的吊装技术和应急措施，对吊装过程中可能出现的问题实行有效控制，保证人员、设备、机械的安全，减少对环境造成的污染，将损失降低到最低限度。本文结合实际，阐述了大型设备吊装技术和应急措施，对类似工作提供相关经验。

一、设备吊装技术潜在隐患分析

1.大型设备吊装方案不完善

一般而言,由于方案编制者的经验不足、调查研究不够、设计计算有误,再加上方案审批者也没能把好关等原因导致方案选择错误时有发生。施工时如果采用不够完善的吊装方案,必然会造成人力、物力的严重浪费,使施工过程无法正常进行,还可能会引发无法想像的严重事故。所以说,吊装技术的科学合理运用,制定切实可行的吊装方案是关键所在。

2.设备吊装过程的失误

在实际中,往往由于吊装技术方案交底不明确、施工工具使用不当、起重指挥不当、起重司机误操作、起重机械故障、自然条件变化、外部环境影响等原因,都会产生吊装过程的失误,导致设备吊装不能正常进行,引发吊装事故的发生。

二、吊装技术完善措施

1.方案制定与人员培训

编写、制定、审核、批准大型设备吊装方案的责任工程师,必须有很好的相关专业知识和丰富的现场实践经验。设备的吊装技术方案制定有必要请有关专家对设备吊装专项方案进行论证评审。必须确保大型设备的吊装技术方案先进、科学、实用。

由大型设备吊装项目部主管总工程师负责主抓,在设备吊装开始前责成专责工程师对参加设备吊装施工的人员进行起重吊装工程施工技术要求、主要施工步骤、安全措施等培训。培训后必须经过书面考试,及格后方可上岗。

2.资源配备管理

(1)人员

从事大型设备吊装作业的所有人员,如:起重工人、操作起重机械的司机、起重指挥等,必须持有符合资质等级的证书,并经现场专业技术知识培训,经考试合格持证上岗。

(2)机械

用于大型设备吊装作业的起重机械,必须进行检修保养,保持状况良好,经检验合格,具有起重机主管部门颁发的使用许可证。

(3)技术安全措施

技术安全措施全部落实,达到国家技术方案的相关要求。并经过有关专家论证审批。

3.吊装技术实施步骤

(1)吊装方案的制定

容易发生重大事故的大型设备吊装,应有由负责施工的专责工程师编制、专业工程师审核、项目部主管总工程师批准的吊装方案。吊装方案制定应作调查研究,结合现场的实际,参考同类工程成熟的施工经验,征求施工人员的意见。特别重大的设备吊装,必要时可向有关的大专院校、科研机构咨询,可制定两个以上的吊装方案,经专家会审,进行安全、技术、经济等方面的比较,从中选择出一个执行。

(2)办理安全作业证

凡是重量达到起重机械额定负荷的85%,两台及两台以上起重机械抬吊同一物件、起吊精密物件、起吊不易吊装的大件、在复杂场所进行大件吊装,起重机械在输电线路下方或其附近工作时,必须办理安全施工作业证,并应有施工技术负责人在场指导,否则不得进行吊装工作。

(3)吊装技术要点

1)应绑牢起吊物,吊钩悬挂点应与吊物的重心在同一垂直线上,吊钩钢丝绳应保持垂直,严禁偏拉斜吊,落钩时应防止吊物局部着地引起吊绳偏斜,吊物未固定时严禁松钩;千斤绳的夹角一般不大于90°,最大不得超过120°。

2)起吊大件或不规则组件时,应在吊件上拴以牢固的溜绳;起重工作区域内无关人员不得停留或通过,在伸臂及吊物的下方严禁任何人员通过或逗留;起重机吊运重物时一般应走吊运通道,严禁从人头上越过。

3)对吊起的重物进行加工时,应采取可靠的支承措施并通知起重机操作人员;吊起的重物不得在空中长时间停留,在空中短时间停留时,操作人员和指挥人员均不得离开工作岗位;起吊前应检查起重设备及其安全装置;重物吊离地面约10cm时应暂停起吊并进行全面检查,确认良好后方可正式起吊。

4) 两台及两台以上起重机抬吊同一重物时,绑扎时应根据各台起重机的允许起重量按比例分配负荷;在抬吊过程中,各台起重机的吊钩钢丝绳应保持垂直,升降、行走应保持同步,各台起重机所承受的载荷不得超过本身80%的额定能力。

5) 用一台起重机的主、副钩抬吊同一重物时,其总载荷不得超过当时主钩的允许载荷。起重机在工作中如果遇机械故障或有不正常现象时,应放下重物,停止运转后进行故障排除,严禁在运转中进行调整或检修。

6) 如果起重机发生故障无法放下重物时,必须采取适当的保险措施,除排险人员外,任何人严禁进入危险区;严禁以运行的设备、管道以及脚手架、平台等作为起吊重物的承力点,利用构筑物或设备的构件作为起吊重物的承力点时,应经核算。利用构筑物时,还应征得原设计单位的同意。

7) 当工作地点的风力达到五级时,不得进行受风面积大的起吊作业。当风力达到六级及六级以上时,不得进行起吊作业;遇有大雪、大雾、雷雨等恶劣气候或夜间照明不足,使指挥人员看不清工作地点、操作人员看不清指挥信号时不得进行起重工作。

(4) 严格技术交底

施工技术交底是施工工序中的首要环节,必须贯彻执行,未经技术交底不得实施吊装。交底执行会签制度,大型设备吊装技术交底由技术负责人交底,全体人员参加。必要时,可邀请业主、监理单位技术负责人参加。

施工人员应按交底要求进行吊装工作,不得擅自变更吊装方法,有必要更改时应征得交底人同意。发生事故时,事故原因如属于交底错误由交底人员负责;属于违反交底要求者由施工负责人或施工人员负责;属于违反施工人员应知应会要求者由施工人员本人负责;没有执行施工技术交底而造成事故的由各级领导人负责。

(5) 严密检验试验(俗称试吊)

在大型设备吊装中,凡使用自行设计或委托有关的大专院校、科研机构设计,自行制作或委托有关的厂家制作的构件作为主要吊装措施,在吊装措施设置完成,设备正式起吊前,均应作负荷试验。如条件限制,不能作负荷试验,需经起重专业总工程师批准。

负荷试验一般应模拟正式起吊过程进行全程试验。负荷试验的载荷,应大于设备起吊重量的1.2倍。负荷试验不宜直接采用设备本身。

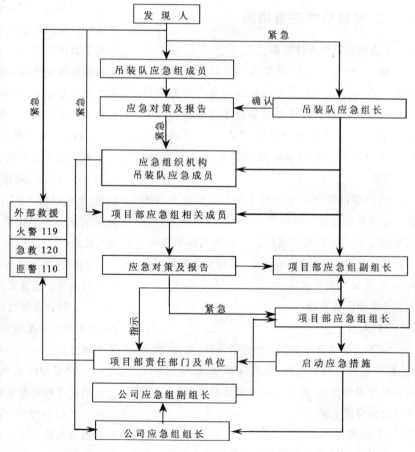

图1 应急措施响应程序流程图

培训演练计划　　表1

对象	内容	时间	责任人
吊装队专责工程师	1.工程力学 2.起重机械	编制方案前	吊装队总工
起重工 起重指挥 起重机司机	1.力学基础知识、起重机常识 2.应急处置方法及事故信息传递 3.安全制度、紧急事故处理知识	上岗前	吊装队总工

三、设备吊装应急措施

1.建立组织机构

成立专门的应急领导组织机构，做到项项吊装应急突发事件有专人负责。

2.应急措施响应程序

发生紧急事故时，发现人应立即向应急组织机构成员或组长及项目部应急组相关成员报告，亦可根据紧急事态情况直接报告地方相关救援机构。吊装队应急组长必须立即向项目部应急组报告，并立即赶到现场，组织人员进行扑救。

项目部应急组相关成员接到报告后立即赶到现场，同时向项目部应急组副组长或项目部应急组组长报告，报告后不得离开现场，应组织人员进行扑救。项目部应急组组长、副组长根据现场紧急事态情况迅速启动应急预案，并立即报告地方救援机构，同时向公司应急救援机构报告。公司应急组组长根据事态情况协调和部署救援工作，必要时组织公司救援组有关成员赶赴现场指挥协调（图1）。

3.应急措施资源配备

各级应急组织机构办公室必须设置固定电话，应急组成员联系电话应保持畅通，大型设备吊装的施工区域醒目位置悬挂应急图，应以视觉方式向全体员工展示撤离路线、紧急出口的位置以及其他关键设施的位置。大型吊装设备的施工区域醒目位置悬挂安全警示标识牌。大型设备吊装的施工区域禁止非该项目施工人员进入，项目部综合办公室配备足量急救药品，备置救护车与其他医疗救助设备。

培训演练实施。力学基础知识、起重机常识、应急处置方法及事故发生时的信息传递、安全规章制度、各种紧急事故处理的一般知识采取集中培训。专责工程师、工区专责安全员具体讲课，培训不少于20课时，培训后必须经过书面考核，及格后方可上岗（表1）。

四、结束语

由此可知，燃煤电厂建设中大型设备吊装技术和应急措施，从规章制度、责任落实、吊装技术投入、教育培训、隐患治理、事故查处等多方面加大管理力度，强化安全防范措施，有效地控制了事故，纠正了习惯性违章行为，确保了大型设备的顺利吊装。在燃煤电厂大型设备吊装中落实"安全第一、预防为主"的方针，对于促进大型设备吊装技术方案制定向标准化、规范化、系统化方向迈进，是大有裨益的。开展危险点的分析与预控，有助于加强过程监督、检查、控制和纠正工作，保障广大职工在燃煤电厂建设中的生命安全与健康，从而把大型设备的吊装技术和应急措施工作推向一个新的水平。

EPC 总承包项目中的材料控制

◆ 杨俊峰

(中国天辰化学工程公司控制部,天津 300400)

摘 要:本文主要介绍EPC总承包项目中材料控制的一些设想和体会。
关键词:EPC;总承包;材料控制

现在公司承包的 EPC 项目越来越多,做 EPC 项目已成为公司发展的一个方向。材料控制在 EPC 项目中对节约成本、保证项目的顺利实施是非常重要的。

一、材料控制在项目总承包中的重要作用

在工程建设中,设备材料是最基本的资源之一,其供货进度、数量和质量对工程建设影响很大。能否保证设备材料"适时、适量、适质、适地、适价"地供应,是能否保证项目建设进度、费用和质量的重要基础。因此,在项目实施过程中,材料管理工作是保证项目顺利进行的一个重要环节,具有举足轻重的作用。

二、材料控制是控制工程投资的重要手段

通常对一个工程项目来说,设备、材料费用约占项目总投资的 50%~60%以上。因此搞好材料管理与控制工作,使设备材料的数量、选用标准、采买时间、采买地点、采买价格得到严格控制,并采取措施避免材料浪费,就能控制设备材料的购置费用,从而使项目总投资得到良好控制。反之,如果设备材料购置费用没有得到良好控制,就很难控制住项目的总投资。对总承包单位来说,设备材料量的增加,不仅会增加设备材料费用,还会引起施工工程量的增加,从而导致施工费用的增加。因此,严格控制好设备材料费用,是控制工程投资的重要基础和手段。

三、设备材料供应进度是影响项目实施的重要因素

我们常说:"搞工程,打的就是物资战",物资能否按计划要求及时到货,是影响项目能否按计划实施的重要因素。如果物资不能按计划要求及时到货,势必对施工进度造成不利影响,整个工程进度也就难以得到保证。反之,如果物资供应组织得好,就能保证施工的有序进行,为工程按计划实施创造良好条件。

四、设备材料质量是工程质量的基础

设备材料的质量是整个工程质量的基础和保障。如果设备材料的质量不合格,那么整个工程质量就无从谈起。因此我们应十分重视设备材料的质量,设置出厂检验、开箱检验、施工前检验等一系列质量控制点,严格把好质量关,确保设备材料质量。

五、以材料流为主线,严格材料管理与控制

为了加强总承包项目的材料管理与控制,应建立由项目经理、设计经理、采购经理、施工经理、材料控制工程师、合同控制工程师、计划工程师、费用控制工程师等有关人员组成的材料管理组织体系,确立材料控制工程师在该体系中的核心地位,而且明确公司材料管理主流程。要以材料流为主线,制定一

系列工作程序、规定和主要控制点。

六、建立材料管理主流程,加强材料控制工程师工作力度

材料管理主流程是贯穿于项目实施全过程的材料管理与控制工作流程。

它涉及工程设计、采购、施工及进度、费用、材料控制等与材料有关的各个方面,对设计、采购、施工阶段的物资管理工作程序、主要控制点、主要文件的审批权限等都要作明确规定,是项目组开展材料管理与控制工作的指南。

为了更好地开展材料管理工作,应加强材料控制工程师的工作力度,对整个项目的材料管理工作进行统一协调、管理与控制。材料控制工程师在业务上接受项目控制部的指导,在具体项目中接受项目经理和控制经理的领导,同时向项目经理(控制经理)和项目控制部报告工作。

其主要职责是:

(1)制订项目材料控制计划,建立材料控制基准;

(2)进行设备材料的数量跟踪与控制;

(3)进行设备材料的进度状态的跟踪与控制;

(4)进行设备材料的请购和发放的控制,审核设备材料请购单,组织审核施工分承包方提交的材料领用计划和领料申请单;

(5)总部与现场设备材料的综合平衡与控制;

(6)协调设计、采购和施工等有关部门在物资管理与控制方面的关系;

(7)确认并协调处理多余材料;

(8)组织材料结算。

七、制订一系列工作程序、规定和主要控制点

在物资管理主流程的基础上,应编制详细的物资管理与控制工作程序和工作规定,并设置相应的控制点。其中包括:设计过程材料控制程序;设备、材料请购控制程序;设备、材料采购工作程序;设备、材料发放控制程序;现场材料控制程序;材料裕量规定;设备材料请购单审批权限规定;设备材料需用计划审查规定;设备材料领用单审查规定;设备材料询价及报价评审规定;材料代用管理规定;材料变更管理规定等,以规范各部门的材料管理与控制工作,使有关人员在工作中都有章可循,严格按控制程序和规定的要求开展工作。

比如,为了规范设备、材料请购管理,使请购数量得到严格控制,应制订设备、材料请购控制程序,见图1。

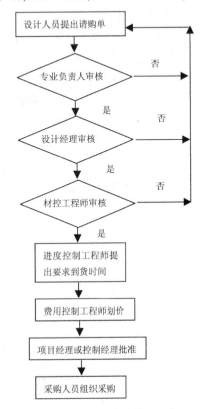

图1 设备、材料请购控制程序

为了使请购单得到更加严格的控制,还应对请购单的审批权限作如下规定:

(1)对重要、关键设备,请购单应经项目经理批准后生效。

(2)如请购单估算总价超过一定数额(如超过50万元),该请购单需经控制经理或项目经理或公司主管经理批准。具体数额根据项目情况由公司决定。

八、严格物资采购管理,实行"五适"采购原则

1.在采购管理中,应推行"适时、适量、适质、适地、适价"的五适采购原则

(1)适时采购就是要求计划工程师在审查请购单时按照总体进度计划的要求提出要求到货时间,

采购人员按请购单要求的时间组织采购和到货,使物资供应进度与工程施工进度相匹配。货物到达现场不能太晚,也不能太早,而要适当。如果到货太晚,必然对施工进度造成不利影响。到货太早,不仅会引起资金的过早投入,增加财务费用,而且会造成货物的积压,增加仓储、保管费用。

(2)适地采购就是在满足设备材料的技术和质量要求的情况下,采购地点要适当,尽可能靠近施工地点。这样一方面可节省物资的运输费用,另一方面还可方便厂家在施工和运行期间的技术服务。

(3)适质采购就是要求所采购的设备材料的技术标准和质量要适当。既要满足设计和有关标准规范的要求,又不能采购明显高于设计要求的高标准材料,以免造成设备材料费用的增加。如果因某种原因造成需要变更设备材料的规格标准,则要通过必要的审批程序,经设计人员同意后方可进行采购变更。

(4)适量采购就是要求采购人员要严格按照请购单批准的请购数量进行采购,严格控制采购裕量。同时要求设备材料的到货数量要与施工进度要求配套,满足施工作业包的要求。

(5)适价采购就是要求在进行采购时要严格将采购单价控制在费用控制部门批准的采购限价范围内,不得突破。但又不能过分压低价格,以免使质量无法保证。

2.还应推行集中采购,并加强采购过程的监管力度,制定询价、报价评审制度

项目经理、控制经理、费用控制工程师及相关专业的设计人员都参与报价的评审,做到厂商来源公正,选择程序公开,从而杜绝采购过程中的个人行为。同时,着力提高采购技术含量,走专家采购的道路,既保证设备材料的技术质量,又可降低采购价格。

九、严格施工阶段的材料控制

施工阶段是进行材料管理与控制的重要阶段之一,这个阶段的材料控制工作是否到位,不仅与施工是否能顺利进行有较大关系,影响施工进度,而且与施工费用有直接关系。如果施工阶段的材料控制做得不好,造成材料的无序管理、材料浪费、材料损坏等,不仅会影响施工进度,而且会增加施工费用,影响施工质量。因此我们应该十分重视施工阶段的材料管理与控制。

施工阶段的材料控制主要包括如下几个方面:

1.与施工计划匹配的材料需用计划的管理与控制

在施工进程中要依据施工计划,制订详尽的设备材料需用计划,这个计划要材料控制工程师组织计划工程师、专业工程师、施工单位共同讨论,材料需用计划是最理想的到货计划。为实现此计划,要经常与采购部门落实设备材料的到货进程,使设备材料到货计划与采购到货计划相互协调,尽可能优化设备材料到货,最后确定出施工单位的材料使用计划。在施工过程中以此计划为基础进行跟踪,选择计划日期、预计日期和实际日期有差异的点进行重点控制,及时发出预警报告并采取必要措施,定期或不定期出跟踪状态报告。

2.材料领用单的控制

材料领用单(领料单)是施工单位办理领料手续的主要依据。因此领料单的审批与控制是现场材料控制的主要工作之一。领料单由材料控制工程师和专业工程师审核,现场经理批准后生效。

3.材料使用状况的跟踪与控制

材料控制工程师和专业工程师要严格跟踪和控制材料的使用状况,督促施工单位正确使用材料,避免材料误用和材料浪费。尤其对焊接材料、螺栓、螺母、垫片、管子等易耗材料,一定要严格监控。

4.现场材料的综合平衡与控制

现场材料的综合平衡与控制工作由材料控制工程师负责进行。材料控制工程师应对现场材料状况有充分了解,掌握现场的到货数量、出入库数量、库存数量、材料变量、材料代用量等信息,并在审查现场请购单、确定材料变更和材料代用时,充分考虑材料的综合平衡,以便尽量使用现有的库存材料,并满足施工进度要求。

5.材料变更及材料代用的审查与控制

如因采购、施工、设计变更或业主要求等原因要求材料变更或代用。该材料变更或代用要求必须取得设计人员同意,并提出材料变更单或材料代用单(或非设计原因变更单)。材料变更或代用标准和工作程序应执行公司有关规定。所有材料变更和材料代用都应经材料控制工程师会签,以便进行材料的综合平衡,确认该材料变更或代用是必要的和可行的。

6.现场请购单的审查与控制

在现场施工过程中,由于某种原因(如设计变更、材料统计错误、材料损坏、材料丢失等)导致现场材料短缺,需要进行现场请购,则由现场设计代表或专业工程师提出现场材料请购单。经材料控制工程师确认、费用控制工程师划价后,一般来说可以提交现场采购组织采购。如现场请购单的额度较大,该请购单还需根据额度大小经过现场经理或项目经理批准后方可生效。

十、以物资流为主线,开发项目物资管理与控制系统软件

为了实现物资管理与控制的全过程计算机管理,提高控制水平和工作效率,应以物资流为主线,应用适用于设计、采购、施工全过程的项目物资管理与控制系统软件Marian。软件是以设计提出的材料统计表为基础,集设计、请购、采购、仓库管理和现场材料控制数据为一体的集成化的数据库软件系统。它由编码系统、材料表系统、请购系统、采购系统、仓库管理和现场材料控制系统、接口系统等六个子系统组成,作为采购、材料控制、仓库管理人员的工作平台,在设计、采购和施工(EPC)全过程中对设备和材料进行跟踪、管理和控制。

Marian软件具有如下功能特点:

输入数据可上下游链接(见图2),减少输入工作量。

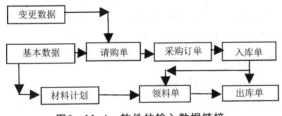

图2 Marian软件的输入数据链接

将设计产生的分区料表和ISO材料表装入Marian系统并管理起来,作为后继材料控制和采购管理的基础,同时也可处理材料变更量、裕量和缺损量。实现请购过程自动化。实现对采购全过程的管理和跟踪;实现对仓库的动态管理,自动产生入、出库凭证,并可与工种财务直接连接进行核算。可按管线号配置材料并自动生成领料单;可按材料编码建立材料的计划价格和综合单价数据库,进行材料的核算,生成合格的入、出库单,为工种财务提供全面的信息服务,达到充分的信息共享,并为工程结算奠定基础。按公司规定的WBS和OBS编码来组织材料信息,以方便信息的组织和查询。提供多种查询,打印出各种报表,为项目的材料控制和采购提供全面的信息服务。

系统是网络多用户系统,可多用户同步操作,也可同时安装在公司本部和施工现场管理同一个项目,利用计算机网络技术和数据库复制技术保证现场与总部数据库的一致性,实现异地实时控制。

具备用户级别设置和用户设置功能,可按不同职责将用户分成不同的用户级,授予不同的权限,执行不同的任务,以保证数据库本身的安全性,满足对各种信息的保密要求,使有关人员均能获得所需的信息。

物资管理与控制软件的应用,一方面可为细化管理和科学管理创造条件,另一方面也可提高工作效率,节省管理成本,对提高物资管理与控制水平将起重要作用。

结论

在工程总承包管理过程中,项目物资管理与控制对保证工程进度、控制工程投资、保证工程质量将起非常重要的作用。

EPC全过程的物资流管理,有利于充分发挥以设计为主体的工程总承包的优势,促进整个项目实施的顺利进行。EPC全过程的物资流管理必须有合理的工程程序和严密的工作制度作保证。材料控制工程师是物资管理与控制的运行核心,对设计、采购、施工等部门负有监督、协调、服务和控制的职能。物资管理与控制软件是提高工作效率的重要手段,是进一步细化管理、提高物资管理与控制水平的基础。

参考文献:

1.《Marian用户参考手册》.

2.《天辰公司采购手册》.

3.《天辰公司项目材料控制规定》.

工程实践

EPC项目采购中几个重要环节的管理

◆ 张 岩，娄保华

(中国天辰化学工程公司，天津 300400)

设计、采购、施工总承包项目中，项目管理者往往对设计和施工倾注比较大的精力，而对工程采购缺乏比较深入细致的研究与策划。实际上，工程采购对整个EPC项目的进度、费用控制乃至工程质量以及安全的影响是非常大的。本文试图通过对工程采购中几个较为重要环节的分析，说明采购工作对大型项目实施的影响，并就如何有效加以管理做些分析。

一、供货范围划分

大型化工项目中，工程采购的主要内容是工艺设备与材料。习惯上，土木工程材料，如水泥、砂石、钢筋、室内照明材料、水暖管道与器具等所谓的"地材"，一般由土建施工分包单位采购，即所谓的"乙方供货"。因此，在工程项目的策划阶段，项目经理必须根据项目特点、施工招标计划、施工分包方的能力、项目所在地情况以及市场状况等综合因素，召集采购、施工等部门研究制订"材料分交规定"，明确项目总承包方(甲方)与施工分包方(乙方)的供货范围。

乙方供货范围内又可分为两种情况，一种是完全由乙方自主采购的材料；另一种是对施工质量与进度影响较大或容易发生采购质量问题的材料，甲方可采取指定(一般不少于三家)合格供货商或品牌的方法加以控制。无论上面哪一种情况，对大宗和重要的材料，制订由甲方参与的、进场前的检验程序都是必要的。

在甲方供货范围内的设备与材料中，对工程进度与质量以及费用控制起主导作用的是长周期关键设备与材料的采购。

所谓长周期关键设备是指制造周期长、加工难度大、造价高的重要设备，比如大型机泵、高压容器、工艺关键进口设备等。长周期关键材料一般指加工制作周期长、国内难于采购的特殊合金材料，如蒙奈尔、英科乃尔材料管材，大型、高压特殊阀门等。

长周期关键设备与材料不仅因其自身的制造周期长、质量风险大而影响着整个项目的控制，而且其安装时对机具、人力、场地的要求均比较高，是项目实施的重要环节之一。

因此，在完成了材料分交范围的确定之后，项目经理的一项重要工作就是组织设计、采购技术人员研究确定长周期关键设备与材料的范围和采购管理措施。

此外，某些设备或材料是业主要求自己采购供货的，这部分设备或材料属于业主财产范围，但承包商仍然负有保管、接收、安装前的检验等职责，因此，对于这部分设备或材料，在与业主充分沟通的基础上，应当制订出相应的储存、验收、维护和安装后的售后服务等相关协调措施，以免因交货质量等问题协调不畅而延误安装进度。

二、对市场的调查与掌握

在工艺流程发布之后，采购专业对于设备与材料的要求有了一个基本的了解。此时，应当对市场做一个比较全面的调查。

采购专业对市场的调查不应当仅仅停留在制造商的生产能力、企业资质、业绩、分布等方面，还更应当深入地了解和掌握制造商的研发能力（主要是研发人员的素质、研发经验和实验设备等）、当前合同执行状态、制造过程控制方式、顾客服务评价、交货运输条件、零部件协作厂商情况等等。

采购专业对供货商的掌控深度对项目的影响在项目报价阶段即能显现出来。常常遇到这样的情况，某些关键设备与材料的制造由于不能满足工艺的要求而导致设计方案的调整，使得整个项目的费用与进度计划发生变化。但是，如果采购专业更深入地掌控关键设备与材料供货商的研发能力与制造能力，并组织厂商与设计之间有效的沟通，许多问题本来是可以解决的。

此外，对供货商的深度掌控，还将影响采购方向的决策：境外采购还是国内采购，对项目的总体费用与工期产生的影响是巨大的；并非所有的关键设备都委托给规模最大的、一流的制造商去加工制造，应当分析设备的技术难点，同时了解制造商的自身优势，合理的配置加上有效的监造措施，完全有可能以低廉的价格取得令人满意的产品与服务。

从厂商当前的合同执行状态可以分析厂商所承诺的交货时间的可信度；而运输条件、零部件协作等，是制约厂商按时交货的外部条件，也要引起足够重视。对厂商制造过程控制方式的了解，有利于将来制订适合的催交检验程序。

采购专业在对市场调查的过程中，还有一项重要的任务就是了解市场的供求走势，特别是对材料价格的预测。大型化工项目往往实施周期比较长，在这个期间，设备与材料的价格变化幅度常常很大，给工程的费用控制带来较大的难度。有专家提出，对于项目中大宗、高价值的材料的采购可以尝试期货交易的方式以规避价格风险。但鉴于目前工程项目的复杂性和国内工程公司相关专业人员的缺乏，这种想法付诸实践尚有相当大的困难，目前只能对材料市场价格走势进行评估与预测，适当调整大宗、高价值材料的采购时机。因此，采购专业较为准确的价格预测应当是化解项目费用风险的有效措施之一。

三、对长周期关键设备或材料制造过程的监控

设备与材料制造过程的质量与进度控制是保证交货质量和交货进度的关键。长周期关键设备与材料交货质量与进度的偏差，往往会带来施工安装的连锁反应，甚至给整个工程的质量、进度控制带来灾难性的后果，因此，必须对此做深入细致的工作。

首先，应当对长周期关键设备与材料制造的难度和制造厂商的特点进行客观的分析。总的来讲，可

以采用以下几种控制方式：

对于专业技术含量高、制造难度大的设备，可采取聘请第三方监造，对整个设备的制造过程进行监控；对于只是加工难度较大的大型设备，可派遣驻厂工程师全程监造；其他关键设备与材料，可组织专家巡回检视、关键控制点现场检验。

无论采取何种监造检验方式，以下的控制措施都是必不可少的：

(1) 要求厂商提供设备/材料的详细制造计划。该计划除了包括人力与设备(机具)投入计划外，至少还应当包括下列质量与进度控制点：产品设计文件完成、工程条件(给设计院)提交、原材料采购与到厂、开工下料、本体或主要部件完工、热处理工序完成、部件检验与组装、试车、出厂前检验、吊装发货、到场交付等。

(2) 编制或审核监造大纲。大纲中应当对设备制造中的关键加工处理工序提出驻停点和检验要求、检验依据。

(3) 要求监造人员定期（每两周或一周）提交监造报告，对主要控制点的完成情况提交质量进度报告。

(4) 对于监造报告提出的质量进度偏差，要求制造商尽快提供补救和改进方案，并组织专家对其方案进行分析评估，提出改进意见，责令现场监造人员督促厂商执行。

(5) 对于一些问题频发的厂商，可组织专家反复巡检。

此外，为稳妥起见，在临近设备交付的时候，还应当审核制造商提供的大件设备的吊装、运输方案，以求万无一失。

设备制造前期工程条件和设备交付后质量文件的提交，往往由于制造商延误而影响工程设计与安装验收，对整个项目进度影响较大，应预防在先。

四、与设计的协调与沟通

目前，承担 EPC 总承包项目的工程公司大部分是由原来的设计院改制而来，设计各专业对施工的可行性研究和市场的可操作性意识尚处于培育阶段。因此，许多设计方案，包括流程、设备选型、材料选用等与市场结合的考虑不够深入，多数在完成了设计计算后，缺乏根据市场情况进行必要的配置和调整，容易造成采购困难和不必要的浪费。采购专业应当在以下几方面与设计充分沟通，使设计更加完善：

(1) 向设计专业及时提供设备与材料的市场行情，在符合设计标准与规范的前提下，提出对设计方案的调整建议，以使请购文件更加可行并节约设备材料费用。

(2) 通过市场分析，同设计专业深入研究材料规定，通过对压力等级、材质、执行标准的合理规划，尽量压缩项目的材料种类、规格、型号，可大大降低采购与施工成本，并减少施工过程中产生错误的可能。

(3) 对请购文件进行认真的校核，技术数据与市场供货有出入的，应及时组织设计与供货商的技术交流，减少后期采购的不确定性。

(4) 在设备与材料的催交过程中，尤其要注意对设计条件的催交，并制订相关的文件传递程序，使供货厂商手中的设计文件总是当前的最新有效版本，这将对后面能否按时交货和顺利安装产生非常大的影响。

五、与施工管理的协调与沟通

有人说，采购与施工永远是一对不可调和的矛盾，这主要是基于经常发生的设备、材料的到货时间与施工的进度计划之间的不一致引起的。到货延误容易造成施工窝工和被迫赶工，给施工管理带来相当大的压力。实际上，采购专业更多地受到外界因素的制约，特别是长周期关键设备与材料，其到货日期常常因为制造中突发的的质量和技术问题而延误，国内制造商如此，国外制造商也存在同样的问题。除了前面所述，加强制造过程控制外，保持采购部门与施工管理部门良好的沟通与协调，是解决这个问题的主要手段。除了项目初期编制总控计划时的密切协作外，采购、施工部门应当特别重视在以下几个方面进行经常性的沟通与协调：

(1) 采购部门适时地向施工管理部门通报长周

期关键设备与材料的制造状态,并对交货日期进行预测报告,以便于施工部门及时调整施工安装计划,减少设备、材料的迟交对整个施工进度产生的影响。

(2) 在大型设备到货的3~5天前通报准确到场时间,便于施工部门准备技术人员、吊装机具、道路、场地清障等。在条件允许的情况下,安装可采取直接就位的办法,既节约时间,又节省二次倒运的人工、机具费用,但必须准备工作充分,并且在监理等部门配合下,在出厂前完成设备的相关检验程序,否则有可能适得其反。

(3) 及早与施工部门确定设备交货状态。大型设备由于制造工艺、运输或者现场吊装条件等的限制,常常采用分部件(段)交货。部件划分的原则是,在保证满足运输和现场安装条件的情况下,尽量以制造厂内组装为主。现场的安装方式,不仅涉及设备的交货状态,还有可能对设备制造商的吊装工艺设计与加工提出更多的要求。因此,采购部门应当尽早了解施工安装方案,对于大型设备,最好在出厂前组织安装单位、制造商的技术人员到制造现场进行考察、研究,综合道路运输条件、场地安装条件、机具吊装条件、设备验收方式、质量控制等因素,共同制订出合理的安装方案,并依此确定设备的交货状态。而对于分段交货、需要在现场实施焊接与热处理的大型塔类设备,由于牵扯到早期的原材料的规格和下料方式,其交货状态的研究更应当在设备制造开工前就予以确定,并同时明确现场吊装、焊接、热处理等工作责任的分工以及相应的检测、验收方式等。

(4) 与施工部门加强制造商现场作业与服务管理的沟通。由于专业化、集成化的广泛应用,目前很多小型辅助装置或设备由制造商按照制造、安装一体化的模式完成,其优点是不言而喻的,但也给现场的施工管理带来一些难度:首先,制造商的管理体系不如许多专业安装公司那样完善,特别是在现场质量与安全管理上往往存在较大的隐患;其次,在场地使用、进度控制、与项目整体的交接点处理等方面均会产生一定的矛盾;此外,许多制造商的现场服务、特别是在项目的单机试车阶段,往往难于满足施工部门的快速响应要求。为解决上述问题,采购部门除了组织好制造商进场前的开工协调会议之外,还应

当及早制订出相应的工作程序,如设备材料现场服务协调程序、制造商现场作业管理程序等,最大限度地将制造商的现场活动纳入到整个现场施工的管理之中,以保证工作质量和工作协调。必要时,采购部门可设立专人负责制造商在现场的作业协调。

(5) 与仓储部门加强材料的协调与沟通。大型化工项目中,涉及到的材料规格种类繁多,材料的管理,很少有在项目的施工高峰阶段不出现问题的。比较常见的问题是:多发、错领、材料辨识不当等。要解决上述问题,除了仓储工程师严格按照工作程序操作外,采购部门应当协助做好下述工作:一是提前发布到货通知给仓储和施工部门,使其做好存放和领料的准备工作;其次,定时发布材料到货状态,便于仓库和施工部门核查材料的领用情况;另一个重要的工作,就是保证材料出厂前的标识清晰正确。目前,国内许多工程公司在推动Marian软件的应用,它可以将设计、采购、仓储、材料领用等综合起来加以管理,希望借此能改变目前材料管理的不良状态,但考虑到目前国内施工安装单位的管理水平,要达到预计的目标,估计尚需相当长的一段时期。

六、结语

工程项目采购自始至终受到内外条件的制约,是一项错综复杂的工作,除了本身具有的商务特点外,还有着很强的专业性和技术性,它必须与设计和施工相互紧密地协调、配合,EPC项目管理模式的施行,为这种协调、配合创造了最大的可能。但基于项目的复杂性和多样性,很难有非常完善的方法解决项目运行中的各类问题,以上,只是笔者结合工程经验,对于较为重要的环节,提出了一些经常出现的问题和解决的建议。

有经验的工程公司和采购工程师应当以满足设计和施工需要为依据,不断总结工程采购实践,针对产生的问题,制订具体的解决措施和方法,进而逐步形成项目的工作程序或作业文件并加以实施,才能不断提高今后工程采购的工作质量和工作效率,满足项目质量、进度、费用的控制要求,以达到用户满意的最终目标。

运用物权法有关占有和留置权制度维护建筑企业合法权益

◆ 曹文衔

（上海市建纬律师事务所，上海 200040）

新中国成立后第一部物权法已于2007年3月16日经第十届全国人民代表大会第五次会议通过，并将于2007年10月1日正式施行。作为一部关乎社会每一成员切身财产利益的民事基本法律，物权法的颁布已经引起全社会的热切关注。由于物权法条文众多，涉及众多类型的财产权利法律安排，基于对自身利益的关心，不同行业、不同阶层，甚至不同企业和个人对于物权法各编、章、节、条、款的关注各有侧重。笔者作为长期专业从事建筑、房地产法律服务的律师，近期在全面研究物权法的同时，重点关注和研究了与建筑施工企业经营活动密切相关的物权法有关条款。本文是笔者对这些物权法条文的研究心得，希望引起建筑企业和建造师们的高度重视，并为建筑企业在经营活动中维护自身合法财产权益提供借鉴和参考。

一、建筑企业对占有制度的运用

物权法在我国法律中首次规定了占有制度。该制度可以被建筑企业用于在施工承包活动中维护自身依照合同取得工程价款的权利。具体说来，就是根据物权法第二百四十一条"基于合同关系等产生的占有，有关不动产或者动产的使用、收益、违约责任等，按照合同约定；合同没有约定或者约定不明确的，依照有关法律规定。"的规定，施工人可以基于与发包人（建设单位作为发包人时）的工程施工合同关系产生对不动产（即承包范围内的在建工程或者已经建成的建筑物）的占有。但是，鉴于物权法第二百四十三条又规定，"不动产或者动产被占有人占有的，权利人可以请求返还原物及其孳息，但应当支付善意占有人因维护该不动产或者动产支出的必要费用。"因此，为了避免权利人（即建设单位）根据物权法第二百四十三条规定请求施工人返还原物（即被施工人占有的承包范围内的在建工程或者已经建成的建筑物）及其孳息（如果有的话），笔者建议，在施工合同或在施工过程中签订的其他协议中施工人应当想方设法约定，在建设单位按约履行完毕支付工程进度款之前,施工人可一直保留对占有物(即被施工人占有的承包范围内的在建工程或者已经建成的建筑物)的合法占有,或者约定,在建设单位按约履行完毕支付工程进度款之前,建设单位暂缓行使物权法第二百四十三条规定的权利。此外,基于物权法第二百四十五条有关"占有的不动产或者动产被侵占的,占有人有权请求返还原物;对妨害占有的行为,占有人有权请求排除妨害或者消除危险;因侵占或者妨害造成损害的,占有人有权请求损害赔偿。占有人返还原物的请求权,自侵占发生之日起一年内未行使的,该请求权消灭。"的规定,在占有的情形下,施工企业(善意占有人)还依法享有自发生他人侵占占有物情形之日起一年内随时请求排除他人侵占(对工程施工而言,通常是建设单位另行委托的后续施工人强行进场进行后续施工)或者妨害占有(对工程施工而言,通常是建设单位亲自或者雇佣他人强行阻止施工人留驻现场)的权利。

但是,施工人也应当注意:

(1)如果没有合同或者协议对施工人合法占有的明确约定,即便施工单位拖欠工程款的事实存在,施工人也不得强占占有物,否则,施工人将成为"恶意占有人"。根据物权法第二百四十三条规定,建设单位将不仅有权在未付清工程欠款的情形下要求施工人返还占有物及其孳息,而且如果出现在施工人占有期间占有物损毁、灭失的情形,按照物权法第二百四十四条"占有的不动产或者动产毁损、灭失,该不动产或者动产的权利人请求赔偿的,占有人应当将因毁损、灭失取得的保险金、赔偿金或者补偿金等返还给权利人;权利人的损害未得到足够弥补的,恶意占有人还应当赔偿损失。"的规定,建设单位还有权要求施工人赔偿损失。

(2)如果发包人不是工程项目的建设单位,而是代建单位,或者是房屋承租人,或者在专业工程分包合同中发包人是施工总承包人,或者在劳务分包合同中发包人是施工总承包人或者专业工程分包人,总之,如果施工合同的发包人不是依法具有工程项目所有权的建设单位(即物权法占有制度中所称的原物或者占有物的权利人),除非建设单位向施工人承诺作为发包人的保证担保人,以"发包人按约履行完毕支付工程进度款之前,建设单位暂缓行使物权法第二百四十三条规定的权利"的方式承担担保责任,否则,施工人在任何情况下都不可能对抗建设单位而合法占有承包范围内的在建工程或者已经建成的建筑物,即便施工合同有此类约定。

(3)一旦建设单位存在拖欠工程款,建筑企业要牢牢占有在建工程或者已经建成的建筑物,不应轻易丧失占有。因为一旦丧失合法占有,再以合法手段恢复占有将面临诸多实际困难,而以违法手段恢复占有则将不仅得不到法律的保护,还将受到法律的制裁。

综上所述,施工人为了充分利用物权法的占有制度维护自己的获得工程款的正当权利,在确认发包人为符合法律规定的项目建设单位的前提下,应当千方百计争取在与建设单位订立的工程施工合同中或者在施工过程中另行签订的关于解决拖欠工程款的协议中达成下列类似约定:"建设单位拖欠工程款时,承包人有权占有承包范围内的在建工程或者已经建成的建筑物,或者建设单位暂缓行使占有上述在建工程或者建筑物的权利,直至建设单位付清工程欠款。"而一旦建设单位存在拖欠工程款,建筑企业不要丧失对在建工程或者已经建成的建筑物的占有。

建筑企业应当充分认识到,在施工承包活动中运用占有制度对于其维护自身依照合同取得工程价款的权利具有特别重要的意义。理由如下:

(1)在建设单位拖欠工程款的情况下,施工人对于如何以在建工程或者已经完成施工的建筑物为筹码合法地迫使建设单位尽快付款,在现行法律(物权法在笔者写作本文时尚未生效,尚不属于现行法律)中除了合同法第二百八十六条规定的工程款优先受偿权之外,几乎没有其他办法。

现行担保法中的留置制度留置是否适用于建设工程合同由于缺乏明确法律规定而在司法实践中存在争议(具体分析见下文)。即便可以适用,留置也仅适用于动产,而在建工程或者已经完成施工的建筑物均属于不动产,不得留置。

工程法律

(2)合同法第二百八十六条和相关司法解释对于工程款优先受偿权的行使条件存在诸多严格限制,建设企业实际行使该项权利困难重重。首先,根据合同法第二百八十六条的规定,承包人须先向发包人催告,然后与发包人协议将工程折价,或者申请人民法院将工程依法拍卖。实践中,承包人通过与发包人协议将工程折价来收回工程款的成功案例几乎闻所未闻。因为,发包人拖欠工程款总是基于两种情况:恶意拖欠或者无付款能力。发包人恶意拖欠时,发包人根本不可能愿意与承包人协议将工程折价。发包人无付款能力时,往往指望通过以市场价预售或者转让建筑物所有权或者使用权来盘活资金,而即便承包人同意将工程折价,折价价格也必定明显低于市场转让价,发包人通常不会答应。更何况,承包人签订和履行施工合同的根本目的不在于得到在建工程或者建筑物的所有权,而在于取得金钱价款。承包人即使通过协议折价获得了在建工程或者建筑物的所有权,此后也将面临诸多困难,如相应拖欠他人的材料款、银行借款和工人工资无金钱清偿。承包人如要最终获得金钱价款,又势必要对在建工程或者建筑物再次变卖转让。这时承包人不仅将为找到合适的买受人而费尽周折,而且成交后又要再付一次税费。最终,为了收回工程款,施工承包人可能只有申请人民法院将工程依法拍卖。整个诉讼、执行和拍卖程序又将旷日持久。而根据相关司法解释的规定,承包人主张优先受偿权的期限非常短:从工程竣工或者约定竣工之日起六个月内。多数情况下承包人往往来不及主张优先受偿权,因为完成确定工程总价款和发包人欠款金额的工程结算经承包人自行编制和发包人审核的时间一般要数月之久。司法解释还规定了承包人优先受偿权的范围不及于全部工程欠款,而仅及于工程欠款中的材料费用、人工费用等直接固化在工程中的施工成本价值,进一步缩小了承包人优先受偿的债权范围。不仅如此,司法解释更规定了对于住宅建筑物的善意买受人只要支付了一半以上的买房价款,承包人优先受偿权就不得对抗该买受人。如果再注意到合同法第二百八十六条还有按照建设工程性质不宜折价、拍卖的情形下,承包人不享有优先受偿权的规定,不难看出,承包人依据合同法第二百八十六条获得优先受偿权的现实可能性实在是小之又小。

(3)上文介绍分析的物权法占有制度对建筑企业维护自身依照合同取得工程价款的权利的行使限制不多。除了订立包含上文所建议的有关条款的合同之外,几乎不需要建筑企业主动采取法律行为。建筑企业要取得对占有物(即承包范围内的在建工程或者已经建成的建筑物)的合法占有和对抗建设单位对占有物的返还请求权,只需争取到在与建设单位事先订立的工程施工合同中或者在施工过程中另行签订的任何协议中作出上文所建议的约定。特别是由于占有制度没有规定对占有物性质的限制,合同法第二百八十六条规定的按照建设工程性质不宜折价、拍卖的工程不适用优先受偿权的局限在建筑企业行使合法占有权时将不复存在。日后一旦建设单位存在拖欠工程款,建筑企业只要不丧失对于在建工程或者已经建成的建筑物的合法占有,建设单位将难以合法获得对工程的实际占有和使用。建筑企业的以静制动将迫使那些有钱不还、恶意拖欠的建设单位主动求和,付清欠款;而对于那些无力付款的建设单位,绝大部分也将被迫主动寻求融资或者其他解决办法,付清欠款。在符合合同法第二百八十六条及其司法解释规定的条件下,建筑企业如果再同时主张工程款优先受偿权,则收回被拖欠工程款的机会将进一步增加。

二、建筑企业对留置权制度的运用

虽然留置作为一种担保方式早在1995年就被规定在我国现行担保法中,但是担保法只明确规定了在三种合同(即:保管合同、运输合同和加工承揽合同)的情况下债权人有留置权,而对于建设工程施工合同情形施工人作为工程款债权人是否有留置权未做规定。根据有关留置权的基本法律原理,留置权属于法定担保物权,非经法律明确规定,当事人不得自由约定。因此,尽管从法律理论上讲,建设工程施工合同应该属于加工承揽合同的特殊类型,而且合同法第二百八十七条也规定,"本章(即第十六章建设工程合同)没有规定的,适用承揽合同的有关规定",但是在以往的司法实践中,建设工程施工合同被当作加工承揽合同而赋予债权人以留置权的认识在法律界一直存在争议。所以,施工人留置权在法律上始终未得到明确的确认。新颁布的物权法从另一个角度规定了多种留置权,留置权的适用范围比之担保法大大扩展。物权法第二百三十二条明确规定:"法律规定或者当事人约定不得留置的动产,不得留置。"同时物权法第一百七十八条明确规定:担保法与本法的规定不一致的,适用本法。鉴于现有法律未规定建设工程中的哪些动产不得留置,因此,只要施工合同的当事人(即建设单位与施工人)之间不约定不得留置的动产,施工人在建设单位支付工程款或者施工合同约定的其他任何费用违约的情况下,就可以在无须建设单位同意的情况下对双方约定的施工人承包范围内工作场所的所有属于发包人提供的建筑材料、设备等尚未被施工固化在工程上的全部甲供料行使留置权。

建筑企业在运用留置权制度时应当注意:

(1)关于留置财产范围和性质的规定

第一,留置只能针对动产。因此,在建工程中已经被固化在工程上的材料、工程构件、配件、设备等,以及施工人正在施工的在建工程或者已经建成的建筑物均已经属于不动产,施工人不得留置。当然,按照法律理论的通说以及通常的理解,不动产是指土地以及附着于土地而不可移动(一经移动将减损其原有价值)的有形物,施工人对于已经安装但可拆卸,且拆卸后其使用价值和经济价值并不减损的属于甲供料的物(如工程构件、配件、设备等),即便已经装配在工程上,只要不违反合同约定,在必要的情况下也可拆卸下来,使之成为确定的动产而成为留置物。

第二,留置只能针对属于建设单位(即债务人)的动产,不属于建设单位而属于其他人(比如分包人或者建设单位另行发包的其他施工人或者其他供货人)的动产,即便在施工场地内,施工人也不得留置。此外,"属于建设单位"应当被理解为专属于建设单位,而不是建设单位与他人共有。因为,对于其他共有人,除非其也存在对施工人的已经届期而尚未履行的可用金钱衡量的债务,进而也构成施工人的债务人,否则,由于留置财产中含有非债务人的财产,从而不符合物权法第二百三十条有关"债务人不履行到期债务,债权人可以留置已经合法占有的债务人的动产,并有权就该动产优先受偿。"的规定,如施工人对此类动产设立留置权,将导致施工人对其他共有人财产的恶意占有。

第三,留置只能针对属于施工人合法占有的属于建设单位(即债务人)的动产。虽属于建设单位的,但未被施工人占有的,或者虽被施工人占有但没有合法占有依据的动产,施工人也不得留置。在通常的施工合同中一般均有如下的约定,即:首先,自某一时间开始,建设单位向施工人交付施工场地,以便施工人进场开展施工准备工作;其次,施工人接收施工场地之后,在施工场地范围内,对于场地内的施工安全和财产安全负有合同义务;最后,施工人对运抵施工场地范围的包括甲供料等一切财产负有保管义务。另外,在有些情况下,施工合同中还约定,建设单位在施工场地之外的其他地点另外为施工人提供材料、设备和设备机具的堆场,供施工人免费或者付费使用。因此,在施工合同情形下,对于约定的施工场地内和施工场地之外作为施工机料堆场的其他地点属于建设单位的动产,基于施工合同的上述类似约定,在合同约定的期间(通常为到合同约定的施工人完成全部工程施工并经建设单位组织验收合格后一定期限内施工人应当撤场的期间)届满前,施工人对于施工场地内的工程本身以及运抵场地的属于建设单位的动产因约定而负有保管、存贮、加工和施工添附等义务。施工人依约定或者法律规定而取得的属于建设单位的动产属于施工人合法占有,施工人有权留置。此外,"属于施工人合法占有"应当被理解为包括由施工人本人合法占有和由施工人的分包人合法占有。因为,施工人与其分包人之间的分包合同从属于建设单位与施工人的施工总承包合同,对于建设单位而言,分包人的行为(包括施工、占有场地及场内甲供材料设备)及其后果、责任完全由其施工总承包合同的相对方即施工人来承担,或者说,分包人的行为构成施工人行为的一部分，因而在实质上就是（或者就被视为）施工人的行为。

(2) 关于留置财产与债权关系的规定

物权法第二百三十一条关于"债权人留置的动产，应当与债权属于同一法律关系，但企业之间留置的除外。"的规定表明，企业之间设立的留置权并不要求与债权必须属于同一法律关系，或者说，企业债权人留置的企业债务人的动产与企业债权人对企业债务人的债权之间，可以没有因果或者基础关系。例如，同一企业债权人对同一企业债务人分别有两项独立债权，一项是企业债权人出租房屋给企业债务人而企业债务人拖欠租金，另一项是企业债权人为企业债务人运输货物而企业债务人拖欠运费。此时，企业债权人可以留置企业债务人交运的货物，并有权就该货物优先受偿。优先受偿的债权范围不仅可包括运费，还可包括租金。具体到建设企业的经营活动，除了施工人在建设单位违约支付施工合同约定的工程款和其他费用的情况下有权对全部甲供料行使留置权之外，又有三类扩展的情况适用于建设企业行使留置权。

第一种情况。如果建设单位除了拖欠施工合同中约定的应付施工人的款项外，还因其他原因对施工人有愈期未付欠款或者其他可用金钱衡量的债务，那么，施工人仍可对施工工地范围内所有属于建设单位提供的未被施工固化在工程上的甲供料行使留置权。

第二种情况。如果建设单位虽不存在施工合同拖欠款，但存在因其他原因对施工人有愈期未付的欠款或者其他可用金钱衡量的债务，施工人也仍可对上述甲供料行使留置权，但是必须注意，在此情形下行使留置权时，施工人不应违反施工合同中约定的施工人的合同义务，特别是如工期、质量一类的施工合同基本义务，否则施工人应当就其在履行施工合同时的违约行为向建设单位承担违约责任，而不能以行使合法留置权而抗辩。

第三种情况。在建设单位存在拖欠施工合同中约定的应付施工人的款项或者因其他原因对施工人有愈期未付的欠款或者其他可用金钱衡量的债务的情况下，如果施工范围内没有建设单位的上述甲供料或者甲供料的价值明显低于建设单位上述各类已届期债务金额的总和，施工人也可对除上述甲供料之外的施工人合法占有的建设单位的其他动产行使留置权。

(3) 其他有关规定

第一，留置权人对留置财产负有保管义务。

物权法第二百三十四条规定，"留置权人负有妥善保管留置财产的义务；因保管不善致使留置财产毁损、灭失的，应当承担赔偿责任。"因此，施工人应该妥善保管留置财产，否则将可能依法承担赔偿责任。

第二，实现留置权应当遵守法定程序。

物权法第二百三十六条规定，"留置权人与债务人应当约定留置财产后的债务履行期间；没有约定或者约定不明确的，留置权人应当给债务人两个月以上履行债务的期间，但鲜活易腐等不易保管的动产除外。债务人逾期未履行的，留置权人可以与债务人协议以留置财产折价，也可以就拍卖、变卖留置财产所得的价款优先受偿。"因此，根据上述规定，施工人应该遵守的法定程序为：

首先，在决定对建设单位的甲供料采取留置措施后，施工人应书面通知建设单位，并在书面通知中提出对建设单位最后付款的宽限期，或者要求建设单位自己提出付款宽限期，供施工人确认。上述时限可以短于两个月。如果双方达不成一致，施工人应给予建设单位两个月以上的付款宽限期。其次，宽限期过后建设单位仍不还款的，施工人可以与建设单位协议以留置财产折价，也可以共同委托或者向人民法院申请就拍卖、变卖留置财产所得的价款优先受偿。

第三，除非留置权人接受债务人另行提供担保，否则留置权人万万不可丧失对留置财产的占有。

物权法第二百四十条规定，"留置权人对留置财产丧失占有或者留置权人接受债务人另行提供担保的，留置权消灭。"因此，施工人在接受建设单位另行提供担保之前，应当确保对留置财产的占有。否则一旦丧失占有，留置权将消灭，施工人以行使留置权要求建设单位支付欠款的全部努力将彻底失败。

建筑施工企业材料采购合同法律风险分析与防范

◆ 朱小林[1]，王 飞[2]

(1.广州市建筑集团有限公司，广州 510030；2.华南农业大学艺术学院，广州 天河五山 510642)

摘 要：建筑施工企业在目前竞争激烈的市场中，不但面临来自建设单位的索赔与反索赔，而且在企业分包工程管理等方面都面临法律风险防范。本文针对建筑施工企业现有经营模式的材料采购管理中存在的主要法律风险，对其进行系统分析，同时将作者近年来工作中接触到的一些典型情况作为分析对象，提出防范措施与建议，在理论上与实践上均对法律工作者及施工企业同行有较强的启发与借鉴意义。

关键词：材料采购；法律；风险防范

材料采购是建筑施工企业一项重要业务，由于建筑施工企业材料采购量大、品种多、资金量大、涉及面广等特点，在企业对外经济纠纷中，材料采购纠纷有逐步上升的趋势，已经给建筑施工企业带来了一些实际损失，本文以建筑施工企业近年来实际发生的材料采购法律风险作为基础，找出其共同点，分析其是否承担法律责任的依据。

一、材料采购的合同签订与履行形式

一般情况下，建筑施工企业材料采购主要有如下几种形式：1.建筑施工企业材料采购部门代表企业对外集中采购，对外签订工程材料采购合同，履行材料采购合同，并将材料发送到各施工项目现场使用；2.建筑施工企业属下的分公司或职能部门(包括工程处、项目部等)直接对外签订材料采购合同，由于分公司、职能部门不具备独立法人资格，最终由该建筑施工企业来承担合同履行的责任与义务；3.建筑施工企业的分包单位或承包人、包工头以该建筑施工企业的名义采购材料；4.建筑施工企业的分包单位或承包人、包工头以自己的名义采购材料，但在合同履行中建筑施工企业直接支付货款或签收材料。

二、权利与责任分析与承担情况

从上述几种材料采购情况来看，第一种情况的权利与责任直接由建筑施工企业来承担，凡是在合同中明确或隐含的权利与责任都责无旁贷。因此，这种合同主要要求做好合同内容审核与履行。第二种情况虽然由建筑施工企业的属下机构签订，但由于下属机构不具有法人资格，所有的责任与权利均由该建筑施工企业承担。在实际操作中，属下机构与职能部门签订合同的随意性强、操作不规范，往往合同签订与履行过程中漏洞多，未能系统地纳入企业风险管理的范畴，后遗症较多。第三种情况是建筑施工企业由于承包人或分包单位、包工头使用建筑施工企业的名义而带来的法律责任，实际受益人为分包单位、包工头或承包人，但对外承担法律责任的是建筑施工企业，从而出现责任与权利不对等的现象，在这一类材料采购中，分包单位、承包人或包工头只会更多地考虑自己的利益，而不顾建筑施工企业承担责任的多少，因而，控制分包单位或承包人则经常成为控制该类采购合同的主要手段，实质上是放弃对材料采购的风险防范，而将材料采购风险防范工作完全依赖于分包，这种方式是极不可取的。第四种情况合同签订主体并不是建筑施工企业，但由于合同履行中行为不规范导致建筑施工企业承担责任，该类采购合同完全不由建筑施工企业本身签订，对其内容条款中的责任与权利是在无任何事先审核的基础上产生的，风险最大，不可控制性强，是目前导致施工企业材料采购工作中损失难以预测与控制最重要的形式。

三、采取措施积极防范

通过对多种形式材料采购的责任与风险分析，不难发现，对这几种情况应有针对性地采取应对防范措施，分类管理、区别对待。第一种情况的材料采购关键在于要在合同谈判与签订时做好基础工作，使合同能够满足工程建设项目的要求，同时在义务与责任方面具备相应履行能力，而且在合同的履行中注意维权与全面履行。第二种采购材料合同的签订则应该尽可能避免，原则上应该纳入第一类集中管理。由于项目分散、工程地点在外地确实需要下属机构签订时则应该采用标准合同格式。这种合同格式应该事先审定，且合同签订后报公司总部备案，纳入管理的范畴，公司合同管理部门定期检查，纳入合同管理日常工作。第三种情况不应该提倡，分包单位与承包人采购合同应由其本身去承担相应法律责任，建筑施工企业应该杜绝该种形式。第四种情况主要由企业生产经营运作管理的方式而产生的法律责任，情况也比较复杂。普通认为合同签订主体不是该建筑施工企业，也没有授权给相关人员去签订采购合同，甚至有时不知道该合同的存在或是怎样发生、更没有领收货物，但在法院判决时视情况却承担连带责任，对此，许多建筑施工企业的管理人员十分不理解。出现第四种情况造成建筑施工企业承担责任的法律依判主要依据《合同法》第49条的规定：行为人没有代理权、超越代理权或者代理权终止后，以被代理人的名义签订合同，相对有理由相信行为人有代理权的，该代理行为有效，这也就是我们通常意义上所讲的"表见代理"。表见代理有三个主要条件，缺一不可。一是代理行为没有获得被代理人的授权。二是代理人实施代理行为时，相对人应当不知道或不应当知道无权代理人实际上没有代理权。三是无权代理人与相对人所订的合同本身并不具有无效和被撤销的内容。

四、加强材料采购系统管理工作，从合同签订到履行全过程管理

为了控制材料采购法律风险，建筑施工企业应该建立全面的风险防范体系，加强材料采购系统管理工作，进行全过程跟踪，在开展规范化、标准化、格式化管理工作的同时，对突出难点与焦点问题采取集中处理与专业化应对相结合，具体可以从以下角度进行：

1.建筑施工企业应该有材料采购管理的综合部门或单位，把整个企业的材料采购工作纳入系统管理的范畴，从组织机构与制度上保证建筑施工企业对材料采购管理工作的风险防范，制定材料采购管理制度与细则，并组织实施。

2.制定材料采购合同范本，根据不同项目类型以及资金状况，可事先拟定不同版本的格式合同，并经企业内部与法律专业人士联合会审，做好事前防范工作，凡是对格式化合同重大修改的应重新会审。这样可以保证合同签订的质量，而且可以适应工程项目施工的高效运作。

3.严格按照合同法规定的要求签订合同，明确权利与义务，避免含糊不清带来负面影响。

4.全面履行合同义务，出现问题时及时与供应方沟通，争取谅解，并保留有关依据，减轻或免除已方违约的责任。

5.对材料采购合同实施过程中存在的不确定因素则透过技术细节方式规避风险，制定风险防范工作细则与指南，提高防范工作技巧。

总之，建筑施工企业要防范材料采购法律风险，不但要逐步提高认识，还必须采取相应管理措施，结合企业自身经营运作模式，形成一整套法律风险防范机制，切实制定管理办法与细则，认真组织各层级相关人员加以实施，从机械、人员、制度与操作等方面防范材料采购合同管理的法律风险。

国家标准图集应用解答

◆ 03G 101-1《混凝土结构施工图平面整体表示方法制图规则和构造详图（现浇混凝土框架、剪力墙、框架-剪力墙、框支剪力墙结构）》

问：P67,1：预留在框支梁内的上层剪力墙竖向纵筋为U形筋，按图施工非常困难，怎么办？
2：不延伸至上层剪力墙内的框支柱纵筋，弯折锚固在梁内或板内LaE，从何处算起？

答：1：如预埋U形插筋有困难，可做成两个L形插筋，端部直钩长度应大于等于10d。
2：LaE的长度从框支柱边缘算起。

问：P46,矩形箍筋复合方式？
答：见图3*3-8*8。

问：P65,主次梁交接处，次梁进入主梁部位，需要设置次梁箍筋吗？

答：不需要。次梁在该处第一个箍筋距主梁边50mm开始设置。

问：P65,框架结构里的连梁（即LL梁）是否属于非框架梁？次梁（L梁）是否属于非框架梁？次梁下部纵筋进入支座的锚固长度：12d(la)如何使用？

答：1：框架结构里无连梁。
2：次梁（L梁）属于非框架梁。
3：一般情况下用12d；当次梁为弧形梁时用la。

◆ 04G 101-4《混凝土结构施工图平面整体表示方法制图规则和构造详图(现浇混凝土楼面与屋面板)》

问：柱插筋在基础中箍筋是否需做复合箍？
答：不需要，只用最外侧封闭箍筋。

中国建筑标准设计研究院

平法钢筋软件-G101.CAC
——专为施工企业倾心打造 提供全面周到技术服务

结构施工图按"混凝土结构施工图平面整体表示方法"把结构构件的尺寸和钢筋整体直接表达在各类构件的结构平面布置图上，因而设计不再绘制构件详图，大量繁琐的钢筋数据计算已由设计环节向施工环节转移，增加了施工单位的工作量和技术难度，为此中国建筑标准设计研究院历时五年倾力研发出一套可以自动进行施工钢筋翻样、钢筋加工、钢筋算量的钢筋计算软件:平法钢筋软件-G 101.CAC。

该软件与国标图集G 101（平法）、SG 901（钢筋排布）配套使用，可自动进行钢筋施工排布设计，所以能更准确地完成钢筋翻样、计算，有效保证工程质量；软件可自动生成钢筋配料单、钢筋加工单、钢筋料牌、钢筋算量表单等施工表单，并提供人工编辑手段，全面辅助钢筋工程施工。

平法钢筋软件-G 101.CAC 系统操作简单，轻松学习掌握；计算准确可靠，满足下料和工程算量要求；应用优化断料，可节省大量钢筋；系统提供标准的表单，大大提高工程效率。

相信平法钢筋软件-G 101.CAC的推出能为广大施工企业带来更有效的软件支持和帮助。平法钢筋软件-G 101.CAC也将逐渐成为广大施工人员的有力工具。

建造师论坛

国际工程承包融资方式简介

◆ 邱风扬

1.福费廷

福费廷(FORFAITNING)就是在大型设备贸易中,出口商经过进口商承兑的期限一般在半年至五或六年的远期汇票,无追索权地售给出口商所在地的银行(或大金融公司),提前取得现款的一种融资方式,它是出口信贷的一种。这种融资方式在我国国际工程承包中虽有应用但不广泛。

福费廷的重要特点之一是无追索权,因此承包商将速效的风险完全转嫁给了贴现票据的银行。这是福费廷与一般票据贴现的最大区别。其主要适用条件:1)工程款延期付款的期限或者票据付款期应以中短期为宜;2)对于延期付款期限较长的项目应采用部分延期付款采用福费廷融资方式,即对在前几年内付款的延期付款部分,采用福费廷融资方式,其余采用其他融资方式;3)项目要能够承受较高的融资成本,因此要求项目有很好的经济效益;4)业主及业主方银行的信誉是开展福费廷业务的银行能接受承包商请求,以福费廷方式向其融资的前提。

2.中国政府援外优惠贷款

我国的援外优惠贷款是我国政府对外提供的具有援助性质、含有赠与成分的中长期低息贷款并由中国进出口银行发放,其优惠利率与中国人民银行公布的基准利率之间的利息差额由我国政府从援外费中补贴,年利率最高不超过5%且为固定利率,具体视国别而定,如目前向越南提供的优惠贷款利率为3.5%,此利率是基本利率,还应加上承诺费、银行管理费,另外如受援国政府指定银行转贷,还要收取转贷手续费(年手续费不超过转贷额的0.5%)。贷款期限最长不超过15年。

优惠贷款融资方式的适用条件:1) 项目所在国必须是中国的受援国;2)项目规模适度。最好是总投资在5000万美元以内的项目;3)受援项目不能对我国同类企业在未来形成强有力的竞争,并最好能对我国的经济建设有所帮助;4) 项目要有一定的经济效益和社会效益。

3.出口买方信贷

出口买方信贷是中国进出口银行为支持和扩

大我国资本货物出口，对外国买方提供的出口信贷，以使外国买方即期支付出口商的一种融资方式。借款人为中国进出口银行认可的国外买方、买方银行或财政部。贷款的范围限于支持国外买方采购中国的机电产品、成套设备和高新技术产品及服务。

出口买方信贷的具体做法分为二种：一是由出口国银行向进口国银行提供贷款，再由进口国银行向进口商转贷，然后进口商用该笔贷款向出口商进行现汇支付。其次是由出口国银行直接向进口商银行提供贷款，进口商用之于购买出口商商品，而进口商与出口商之间是以现汇结算。

其主要适用条件：1）对承包商而言，只要能争取到买方信贷，就应积极采用；2）项目要可行；3）业主方银行及业主的良好信誉；4）业主必须能够投保出口信贷险；5）业主必须要有足够的自筹资金。

4.出口卖方信贷

卖方信贷是指出口国为了鼓励本国商品出口，扩大外汇，卖方政府通过贷款给出口企业，让其用来准备出口货物的装船，及其他费用，还担保：如果进口方不能付清货款，国家会先把货款付上，然后国家再去追款。出口卖方信贷一般包括：人民币和外汇贷款。

出口卖方信贷目前主要有以下贷款品种：项目贷款有中短期额度贷款；海外承包工程贷款（包括BOT、BOO）；境外建厂设点贷款（主要是CKD、SKD散件装配厂）；境外设备投资贷款。

其主要适用条件：1）要求项目可行，尤其要求有良好的经济效益；2）业主要有良好的信誉；3）出口卖方信贷的总规模应在承包商可以承受的合理范围之内；4）须能够提供能被承包商方银行认可的业主方银行担保及能投保出口信贷险。

5.融资租赁

融资租赁又称为金融租赁、财务租赁，是指出租人在一定的期限内将机器设备等资产出租给承租人使用，由承租人分期付给一定的租赁费的筹资方式。融资租赁的特点是融资与融物相结合。

其主要适用条件是：1）设备融资租赁，要以不降低承包商在投标时的竞争能力为前提；2）承包商的工程完工后，该工程所在国或所在地的周边地区没有该承包商的后续工程，或者即使有工程也无须使用相同的设备时，对于一些使用寿命较长的大型设备宜采用租赁的方式；3）当由于出租人税收或者优惠利率贷款等原因使租金较为低廉时，可以考虑采用设备融资租赁；4）某些设备在某工程仅使用很少的时间或次数，而该承包商又难以从另一工地调来这些设备时，宜采用租赁方式。

6.补偿贸易

承包商采用补偿贸易融资方式是指业主以产品偿还方式延期支付承包商的工程款或承包商方银行的贷款。这种融资方式与前几种融资方式的根本区别在于业主是以产品偿还工程款或贷款。国际工程承包中的补偿贸易的基本形式有：1)直接产品支付。2)间接产品支付。3)综合补偿。

其主要适用条件是：1)用作补偿贸易的产品必须是在中国或者是国际市场上畅销的产品，并基本没有或者极少有非关税贸易壁垒；2)产品运输成本合理；3)项目应有可靠的预期效益，以保证未来的产品偿还；4)业主及业主方银行应有良好的信誉；5)能提供被承包商或承包方银行认可的担保及投保信贷险。

7.项目融资

项目融资是指项目发起人为该项目筹资和经营而成立一家项目公司，由项目公司承担贷款，以项目公司的现金流量和收益作为还款来源，以项目的资产或权益作抵(质)押而取得的一种无追索权或有限追索权的贷款方式。

其适用条件是：1）项目所涉及的领域及项目的规模应适合于做项目融资；2）作为承包商，尤其是总承包商，必须有足够的能力进行项目融资；3）对不可抗力、项目超支、建设工期延误的风险都已做了安排，采取了措施；4）对项目有关的保险已做了统筹考虑和安排；5）项目公司各成员已缴齐各自的股本金；6）项目本身有足够的价值，可以充当贷款的担保物；7）项目投产后的生产、经营均有保障；8）不存在国家和主权的风险；9）已充分考虑了各方面的要求。

专家论证

不能少数服从多数

◆ 王铭三

(中国铁道建设协会,北京 100844)

先举一个荒诞的例子。

一个领导,想要在沙滩上建一座高楼,并已经做好了工程设计,于是就聘请了一些专家进行论证。

建筑学家认为,建筑设计美观新颖,与沙滩的自然环境十分协调,可以成为当地的一大人文景观;结构专家经检算后认为,结构设计合理可靠,安全性能良好,抗震能力强,建筑寿命可达100年以上;建材专家认为,建筑采用了绿色环保的新型材料,是节约型的绿色建筑;能源专家认为,利用太阳能和潮汐发电,是该建筑节能的一大亮点;智能建筑专家认为,该建筑的智能化水平很高,达到了世界领先的地位;给水排水专家认为,给水排水设计先进、合理,尤其对污水排放的处理,符合环保要求;地质专家认为,该设计的基础处理先进,在固沙方面有创造性的突破……只有建筑经济学家提出了不同的意见,认为仅加固地基一项的用费,就超出建筑本身成本数倍以上,而且建成后还要不断地继续投入,实在是得不偿失。最后,该建筑的专家论证,以 N 票同意一票反对而获得通过。

这个例子虽属荒诞,却揭示了几个不容忽视的问题。

第一,所谓"专家",就是在一个学科领域中有研究有专长的人。因此,一个专家只能在他专长的学科领域方面,依据他的经验和研究成果,提出支持或反对的意见。第二,由于众多的专家来自不同的领域,所表达的是不同学科领域的意见,如果采取少数服从多数的办法,就是用其他学科领域的意见否定某一个或某几个学科的意见。事实上,众多学科之间的关系,不似并联电路那样,一个灯不亮其他灯可以照亮不误;而似串联电路的关系,一处断路就会影响到整个电路不通。第三,即使是同一学科的专家,由于每个专家有不同的见识面,所提出的意见都有具体实例作参照,所以也不能轻易否定。

三门峡水利工程建成之后所出现的问题,不就是那个被否定的专家所提出的被否定的担忧吗?上述那个荒诞的建筑在建设过程中,必然也会出现建筑经济学家所担忧的问题,使投资成了无底洞。

由此可见,一个专家的支持,仅仅说明这个项目在他的研究领域中不存在问题;而一个专家的反对,也恰恰说明这个项目在他的研究领域里存在着严重的问题或隐患,因此否定了反对意见,就等于是掩盖了将要发生的问题。所以,以少数服从多数的办法听取专家意见,无异于掩耳盗铃,是不可取的。

一位曾经在鲁布革水电工程局任总工程师的朋友，曾经给我讲过这样一件往事。一个东北的县委书记，在参观鲁布革水电工程时，向日本大成鲁布革事务所所长询问，在他治下的县里修一水电站要多长时间？所长根据他提供的数据说，一般要5年；他问能不能再快些，所长说如果把任务交给大成公司，可以提前到3年；他又问能不能在一年之内建成，所长说，可以是可以，但你的投资要加大若干倍，不合算；他说，加大投资没问题，你只要能保证一年建成就行。

实际上，所长这一个专家提出了四种不同的意见，第一种是工期5年，这对一般建筑企业是可行的；第二种是工期3年，只有在把任务交给日本大成公司才是可行的；第三种是工期1年，前提是要把任务交给日本大成公司，并把投资加大若干倍，才是可行的；第四种意见是从经济的角度出发，为把工期压缩到1年而将投资加大若干倍，是不可行的。也就是说，从工期的角度看，5年、3年、1年，都是可行的；但从经济的角度看，1年是不可行的。而这位书记就是用工期的支持，否定了经济的反对，形成了立项的决定，但终因所长怀疑他的诚意而没有成行，所长事后对我的这位朋友说："我从来没见过只考虑工期而不考虑投资的业主"。我的这位朋友也为这位书记为什么强烈要求必须一年建成而困惑，经询问才知道，原来这个书记还有两年就要退休了，他是想用公家的钱为自己搞个政绩工程(或曰形象工程)。

从这个事例可以看出，通过专家论证以求得专家的支持，有利于政绩工程的确立，因为它可以为政绩工程涂上一层"采取了绝大多数专家意见"进行"科学决策"的美白脂粉，使违反经济规律的行为蒙上一层"程序化"、"科学化"的遮羞布。

错不在于专家的支持，因为这个项目在他的研究领域里，确实是没有问题，错就错在立项者听取专家的意见，不是为了吸取专家的忠告，而是为了求得专家的支持。

因此，我们应该在法规上作出这样一项规定：在可行性研究报告中，必须提供专家的否定意见，并提出预防问题和解决问题的办法，以供上级在审查时分析其"解决办法"是否可行。

哈尔滨市建委出台长效机制监管建筑市场

为加强建筑市场管理，哈尔滨市建委从即日起，由建筑管理、资质管理、质量监督、市场监管以及安全监察等五个部门，依法对开发建设市场的建设环节采取联合巡查、动态监管等方式进行监督。这是"哈尔滨市深入推进城建重点工程建设和谐杯竞赛推进会"上透露的。

据了解，为加强建筑市场管理，哈市建委进一步建立和完善了建筑行业监管"五联动"机制，从即日起，对哈市20个单位的77项路桥、管网建设和园林绿化等城建重点工程，由建筑管理、资质管理、质量监督、市场监管以及安全监察等五个部门，根据各自工作职能，依法对开发建设市场的建设环节采取联合巡查、动态监管、跟踪监督、联合考评、建筑市场与施工现场互动等措施，严肃查处并纠正市场业主不履行法定程序的违法违规行为；加强开发资质的日常监管，开展综合信用综合评价；加强建筑工程质量监督管理，督促各方主体认真履行质量责任；对施工现场实行跟踪管理，全过程监督；加强建设领域安全生产管理，控制和减少伤亡事故的发生。同时，哈市建委还要求，各建设管理部门，特别是要有针对性地查找一些不安全、不稳定的因素，严肃作好整改工作。汲取以往发生事故的教训，及早发现一些共性问题和倾向性问题的苗头，努力化解不稳定因素，切实把和谐杯竞赛活动开展好，取得人民满意的良好成效。

一本颇值建造师借鉴的参考书

《工程承包项目案例及解析》

李 枚

国际国内的工程建设日新月异，工程承包各种形态层出不穷，工程管理中出现许多令人振奋和深思的新课题。无论是工程项目管理、或是工程合同管理、还是工程咨询管理、或是FIDIC等各种合同条件的应用，皆需从理论与实践密合的高度释疑工程承包中的问题。案例即是求解如此浩瀚的工程项目承包问题的最有效的导师。建造师在工作中会遇到各种各样的问题，在此向大家推荐一本很有价值的参考书——中国建筑工业出版社出版的《工程承包项目案例及解析》。

判例法在西方的盛行，使西方法律学术界、实业界、工程承包业界等非常注重工程承包中案例的收集总结、研讨整编、教学运作等系列化，对提高工程的科学管理、升华工程承包水平、创造企业经济效益、提高行业生产力，起到了显著的

作用，取得了突出绩效。中国古代《孙子兵法》、《三十六计》、《新书》等书，是蕴藏着深厚哲理和充满智慧的案例典籍精髓，书中的周密完整的"全胜"思想，千百年来成为"兵家"、"商家"的指南，到了20世纪80年代又被美欧日韩等国所信奉，是一切谋求致胜之道的人们所借鉴的圭臬，已成为现代人情报学、预测学、决策论、人才学、系统论、管理学等挖掘不完和取之不尽的思想库智慧库，至今还在世界实业界发辉着灿烂的光芒和巨大的启迪作用。1999年第一版FIDIC即是案例法系与大陆法系结合的典范，案例是工程项目团队艰苦劳动用血汗换来的硕果，论述简洁贴切实用；案例是一个标杆，它集成了很有价值的参考系；案例是一种导向，给予了业内人士的启示录；案例是对某个工程项目的评估，读者可以从中领悟到工程管理中的真谛。

相对于以往出版的案例图书，本书有三个比较明显的特点。

一、书中所选案例多为作者本人亲自主持、参与过的工程项目

本书作者杨俊杰，1959年毕业于北京清华大学土木系。现任中国对外承包商会专家委员会国际工程专家，中国工程咨询协会工程项目管理指导委员会专家，中国国际经济贸易仲裁委员会仲裁员。

杨俊杰先生曾先后就任于设计研究院、施工单位,曾长期驻外施工,参与过国内外近百个工程项目的勘测设计、投标报价、合同谈判、施工管理等工作。历任项目工程师、工程部经理、专家组组长、总工程师等职。有丰富的项目管理经验,熟悉国际项目运作。先后著有《国际工程报价实务》、《国际工程管理实务》、《国际工程招标、投标、报价与咨询监理》(参考资料)、《国际工程索赔实务》(讲义)、《FIDIC合同条件解读与案例应用》(讲义)等。

本书就是作者从操作、实践和讲课用过的案例中选择了市场开拓、投标报价、工程项目管理、合同管理、施工总承包、工程总承包(EPC/T)、BOT项目、工程索赔、工程纠纷、工程咨询与监理、FIDIC合同条件的应用等20余个实战案例,供同行们研用。这些案例的一个共同特点就是把工程承包的概念和理论化作行动和实战,精细亲切、真实客观、生动可靠、可操作性强、经久耐用、参考价值高,有的堪称"经典"之作。

二、案例详尽、全面,并有点评

本书所选案例务求全面、详尽,许多案例都可以做到供读者用作工作指南,甚至可以照搬使用。例如"美国工程承包投标中的问题——夏威夷此伊科伊404号二期工程回顾"一文,通过该案例读者可以深入地了解和掌握美国承包工程、投标报价及其相关的法律程序、合同条件、技术规定和有关资料的索取等问题。同时通过该案例还可以对美国政府的采购制度包括投标制度、作业标准化制度、供应商评审制度、审计监查制度、交货追查制度等也相应有所了解。该案例的解读将有助于承包商做好进入美国市场的思想准备、心理准备、技术准备和风险准备。

为有助于读者更好地理解案例中的内容,本书突破了以往只将案例摆出来、缺少分析点评的状况,对每一个案例分别编有内容提要,提要中指出该案例的特别之处,及集中学习该案例的目的性;二是在每个案例后有解析、点评,以提示掌握该案例的关键点。

三、本书附有大量图表,形象生动,便于理解

所有案例中均以图表形式表述复杂的程序、结构等,使读者一目了然,便于理解、掌握。同时在本书附录中列出了有关合同条件术语词汇和索赔主要名词用语释义表以帮助理解其定义;本书汇编了与国际工程承包相关的图表和附录,以起到按图表索骥的作用。

本书适用于建设项目施工单位的现场相关管理人员及技术人员学习参考,同时建设项目业主、监理人员也可参用;还可以作为相关专业教学、培训用书及学生自学用书。

附:《工程承包项目案例及解析》目录

第一篇 投标世界银行贷款项目中应注意的一些问题;第二篇 中东某国高级中学综合建筑工程投标与实施中的教训;第三篇 动态分析法在投标决策中的应用;第四篇 美国工程承包投标中的问题;第五篇 香港新机场客运大楼施工总承包及其管理;第六篇 EPC工程总承包解读;第七篇 某工程项目风险调查;第八篇 从南海石化项目看超大型国际项目管理;第九篇 实施某综合小区项目管理纲要(草案);第十篇 某水厂BOT项目案例分析与思考;第十一篇 工程项目合同管理中的几个问题;第十二篇 香港工程承包的地盘管理;第十三篇 国外工程项目索赔管理的几点思路;第十四篇 埃及建设部项目工期延误及其费用损失索赔;第十五篇 A国某发电厂工程综合索赔案例;第十六篇 印度DABHOL电站纠纷启示录;第十七篇 略论国际工程联营体承包的问题;第十八篇 略论工程造价咨询服务工作大纲;第十九篇 如何投标国际工程咨询与监理;第二十篇 德黑兰中央银行技术承包合同谈判主要内容;第二十一篇 承包工程企业开拓国际工程市场的必要程序示例;第二十二篇 FIDIC1999年第一版应用要点举例;第二十三篇 附录;第二十四篇 附表与附图。主要参考文献。

新书介绍

建筑节能技术指南

【内容简介】 本书是一本融建筑节能市场、技术、标准、管理以及政策法规于一体的建筑节能的专业工具书。全书由七章和附录组成,其中介绍建筑节能概念的第一章概述、第二章评估;介绍建筑节能物化成果的第三章技术、第四章产品、第五章建筑;介绍建筑节能管理信息的第六章管理和第七章发展;附录中收录了国家建筑节能标准以及湖北省及武汉市的地方标准和案例等文件。

【读者对象】 本书可为夏热冬冷地区房地产开发商、建筑商、节能建材产品的科研、生产、营销企业,建筑、规划、设计、监理等单位,以及建筑业管理部门工作人员学习参考使用。

【目　　录】 第一章　概述;第二章　评估;第三章　技术;第四章　产品;第五章　建筑;第六章　管理;第七章　发展。附录。

施工企业现代成本管理模式

【内容简介】 本书是作者在以往对施工企业成本管理思考的基础上,着眼于施工企业近几年来的实践和总结,潜心写作而成。本书主要内容和试图解决的问题有:第一,强调资源管理。特别是财务资源、生产要素资源、信息资源和社会其他资源在企业的管理和运用。第二,价值工程在企业的应用,特别是工程总承包和BOT、BT等以工程融投资带动工程总承包业务展开。第三,重点通过对作业成本控制和核算方法的探索和阶段性总结,引导中国建筑企业更好地控制成本。本书对工程项目、公司、集团公司三个层面的成本管理进行了详细论述,特别是从集团层面出发的成本管理方面的战略性思考。全书内容体现了新管理要求和实践经验,指导性和可操作性强,且体系完整、内容完备、结构合理。全书结合一个工程造价在1.24亿元的项目从报价到竣工结算、考核兑现的案例辅助说明,以方便读者将理论与实践相结合。本书是作者近三年来讲课、研究的最新成果。

【读者对象】 本书适用于建筑施工企业各级管理人员在实际工作中参考使用,也可作为大专院校工程管理专业教学参考用书。

【目　　录】 第一章　施工企业现代成本管理概述;第二章　施工企业;第三章　施工企业作业成本与核算方法;第四章　施工企业现代成本管理体系建设;第五章　施工企业资源管理;第六章　工程项目成本预测与报价;第七章　项目标准成本测算与项目责任成本确定;第八章　项目目标成本与岗位作业成本测算;第九章　项目岗位作业成本考核;第十章　施工企业收入及其分解;第十一章　项目成本核算;第十二章　项目成本分析;第十三章　管理成本与控制;第十四章　成本管理绩效与激励。附录:项目成本综合台账。参考文献。

建造师书苑

承包商与融资建造

【内容简介】 基础设施工程是投资量比较大的工程项目,由于资金的需求和投入产出的要求,国际上通常采用融资的方式运行。当然,风险也决定了其独特的建造规则,也呈现了我国建设项目投资管理体制和方式的创新需求。承包商实施基础设施的融资建造正是这种方式的一个重大创新。本书从基础设施的建设特点入手,分析了我国现有基础设施投资、融资、设计、施工、运行的特点、方式和客观规律,围绕施工企业自身的改革和发展的需要,提出了 FC 融资建造模式。论述了施工企业作为项目投资商和承包商实施项目融资建造的具体方法和步骤,重点在实物和操作上进行了研究和探索,特别是模式本身将带动与国际接轨的设计加建造模式(以融投资带动工程总承包)给出了大量的运行案例。同时从理论上对实施 FC 模式的企业条件和政策环境提出了有益的见解。对工程建设企业的机制改革和市场开拓具有直接的指导意义。

【读者对象】 本书适用于施工企业、政府主管部门、投资商、银行、保险公司、行业协会和相关单位领导、各级管理人员使用,也可以作为大中专学校的培训教材。

【目 录】 第一章 基础设施与融资建造;第二章 FC 项目的评估与决策;第三章 FC 项目融资运作;第四章 FC 项目风险管理;第五章 FC 项目投资策划与控制;第六章 FC 项目合同管理;第七章 FC 项目成本与财务管理;第八章 FC 项目的组织与管理;第九章 FC 项目后期管理。后记。法律法规清单。参考文献。

建筑经济与管理博士论丛
中国建筑业产业竞争力研究

【内容简介】 产业竞争力的一般概念,可以表述为一国的某一产业在占有现有资源和生产要素的基础上,比其他产业更有效地向市场提供产品或服务的综合能力。本文以中国建筑业产业为研究对象,通过对产业竞争力的理论以及研究方法的分析,构建了产业竞争力研究的理论体系和方法体系,在文献研究的基础上,对中国建筑业产业竞争力的效应、影响因素、成长以及对策进行了广泛深入的实证分析与研究。本文为国家社科基金研究项目《中国建筑业新的经济增长点与增长力研究》的主要研究内容,全文共分 7 章进行阐述。

【读者对象】 本书适用于建筑业行业相关管理部门管理人员,大专院校及科研院所相关专业研究人员,建筑业企业管理者。

【目 录】 1 绪论;2 产业竞争力的理论解释与研究方法;3 中国建筑业竞争力的投入产出分析;4 中国建筑业产业竞争力影响因素分析;5 中国建筑业产业竞争力的成长性分析;6 中国建筑业产业竞争力提升的对策研究;7 结论与展望。附录。参考文献。论文及研究成果。参加科研工作。后记。《中国建筑业产业竞争力研究》跋。

综合信息

建设部紧急通知

8月22日,建设部下发紧急通知,要求建设系统各有关方面吸取湖南省凤凰县堤溪大桥工程整体垮塌事故教训,举一反三,严防类似事故再次发生,同时,认真开展建设系统安全隐患排查,进一步加强安全监管工作。

2007年8月13日16时40分左右,正在建设的湖南省凤凰县堤溪大桥工程发生整体垮塌事故,造成重大人员伤亡,初步查明64人死亡,22人受伤。建设部结合建设系统的实际情况,下发了紧急通知。

通知要求,各地建设主管部门要在当地政府统一领导下,认真贯彻落实《国务院办公厅关于在重点行业和领域开展安全生产隐患排查治理专项行动的通知》和《交通部、建设部、国家安全监管总局关于湖南省凤凰县"8·13"堤溪大桥垮塌特别重大事故的通报》(简称"三部门通报"),从接到通知之日起,对辖区内城市桥梁、地铁、大型公共建筑、市政公用设施等工程的建设和使用(运行)进行一次安全隐患排查。排查的重点包括:在建的城市大跨径桥、跨江(河)桥、大型立交桥、地铁工程,以及超高超限、结构形式复杂的大型公共建筑;既有城市桥梁、地铁、大型公共建筑、建筑幕墙以及危旧房屋的质量安全状况以及城市供水、排水、供气等市政公用设施运行安全状况。在各地开展排查整改的基础上,建设部将组织督察。

通知要求,各地建设主管部门和有关单位要深刻吸取事故教训,进一步提高认识,加强领导,落实责任,切实防范和遏制安全生产事故的发生,推动建设系统安全生产形势的持续稳定好转。同时,各地要强化应急管理,妥善做好安全事故处置工作。

通知强调,各地要规范建筑市场秩序,严肃追究事故责任。要坚持"四不放过"的原则,严肃、依法查处生产安全事故。要严肃追究事故单位和责任人的责任,依法对其实施罚款、停业整顿、降低资质等级、吊销资质证书、暂扣或吊销安全生产许可证以及停止执业不予注册等处罚。对于生产安全事故背后的违法违纪和失职渎职行为,要按照《行政机关公务员处分条例》和《安全生产领域违法违纪行为政纪处分暂行规定》等有关规定予以严肃处理。对于构成犯罪的,移交司法机关处理。

建设部关于废止《工程建设重大事故报告和调查程序规定》等部令的决定

中华人民共和国建设部令第161号

《建设部关于废止<工程建设重大事故报告和调查程序规定>等部令的决定》已于2007年9月18日经建设部第138次常务会议审议通过,现予发布,自发布之日起生效。

建设部部长　汪光焘

二○○七年九月二十一日

决定废止的部令如下,自发布之日起生效。

1.《工程建设重大事故报告和调查程序规定》(建设部令第3号,1989年9月30日发布)

2.《建筑安全生产监督管理规定》(建设部令第13号,1991年7月9日发布)

3.《建设工程施工现场管理规定》(建设部令第15号,1991年12月5日发布)

4.《公有住宅售后维修养护管理暂行办法》(建设部令第19号,1992年6月15日发布)

5.《城市新建住宅小区管理办法》(建设部令第33号,1994年3月23日发布)

6.《风景名胜区管理处罚规定》(建设部令第39号,1994年11月14日发布)

7.《建设工程勘察设计市场管理规定》(建设部令第65号,1999年1月21日发布)

我国正视三峡工程生态环境等问题

据新华社报道,中国高级官员和专家学者近日在武汉召开研讨会,共商三峡工程生态环境建设与保护工作大计。他们表示,三峡工程生态环境安全存在诸多新老隐患,如不及时预防治理,恐酿大祸。

三峡工程历经15年建设,已接近尾声,今年首次错峰防洪,长江两岸安然度汛。工程每年发出的清洁水电相当于5000万t原煤发电量,可减少二氧化碳排放量1亿t。但是,自去年进入初始运行期以来,其对长达600km库区的生态环境以及长江河道形态产生的影响,也逐步显现。

据悉温家宝总理曾指示:讨论解决三峡工程一些重大问题时,首要的问题是生态环境问题。

前不久,美国《华尔街日报》曾发表题为《三峡大坝之忧》的文章,提出"三峡大坝项目正面临着山体滑坡和水污染等始料未及的问题"。国务院三峡工程建设委员会办公室主任汪啸风认为这应当引起我们足够的重视。他强调:"事实证明,随着时代的发展和进步,当初大家关心的国力问题、科技水平以及移民等问题,现在已逐步得到解决。但是,对于三峡工程能引发的生态环境安全问题,我们决不能掉以轻心,决不能以损失生态环境为代价换取一时的经济繁荣。"

汪啸风表示,三峡库区历来生态环境脆弱、自然灾害频发、水土流失严重、人多地少矛盾突出,不合理的开发造成生态退化,水土流失加剧状况远未得到根本扭转。

据每年公布的三峡工程生态环境监测,三峡工程施工区和移民安置区环境质量总体良好;三峡库区长江干流水质总体稳定,以优于三类水质为主;水库诱发地震维持低强度水平,无碍大坝安全。但是,诸多生态环境隐患仍令中国各级政府和专家忧心忡忡。国土资源部专家、三峡库区地灾防治工作指挥部指挥长黄学斌指出,时常发生的地质灾害严重威胁库区民众生命安全,滑坡入江后会造成涌浪灾害,浪高最高可达数十米,波及数十公里范围。

湖北、重庆政府负责人均表示,三峡工程蓄水后,支流水质恶化,部分出现"水华"现象,且发生范围、持续时间、发生频次明显增加。部分支流居民饮水源堪忧,特别是香溪河、大宁河、梅溪河等情况突出。今年丰度县因支流富营养化而发生5万人饮用水污染,小江浮萍、水葫芦疯长等问题。

清水下泄对长江中下游最险的荆江河段堤防的威胁也引起湖北省高度重视。副省长李春明说,近年来,荆江崩岸险情频次明显增多,崩岸长度明显增加。"据研究分析,今后长江河床将发生长距离的沿程冲刷和横向扩展,对河势控制和护岸工程带来较大影响,并引发新的崩岸。"

针对这些问题,地方政府建议尽快打破专业和部门限制,制定三峡水库管理权威法规,编制库区生态环境保护规划。黄学斌、曹文宣等专家也呼吁建立库区地灾防治长效机制,对已治理的项目进行有效的后期维护,坚决制止网箱养鱼这一导致水质富营养化的因素。

三峡办水库管理司司长柳地介绍,三峡办正在重庆、湖北、上海推进消落区治理、支流水环境治理、农村城镇截污、生物多样性等7个方面的生态环境建设与保护专项试点和生态环境监测系统效能评估,并已在集镇居民饮水安全、中华鲟保护、三峡特有植物保护等方面取得进展。

"中国城市轨道交通建设与运营安全国际研讨会"在京召开

2007年9月22日在北京召开的中国城市轨道交通建设与运营安全国际研讨会上,建设部副部长黄卫提出,要坚持以科学发展观指导城市轨道交通的建设和发展。

国家十分关心城市轨道交通的发展。温家宝总理指出:"优先发展城市公共交通是符合中国实际的城市发展和交通发展的正确战略思想"。十届全国人大批准的《国民经济和社会发展第十一个五年规划纲要》中提出,优先发展公共交通,完善城市路网结构和公共交通场站,有条件的大城市和城市群地区要把轨道交通作为优先发展领域,超前规划、适时建设;要掌握新型地铁车辆等装备核心技术,实现产业化。《国家中长期科学和技术发展纲要》中也提出,城市发展的优先主题是城市功能提升和空间节约利用,要重点研究开发城市综合交通、防灾减灾等综合功能提升技术,构建以城市轨道交通为骨架的城市公共综合交通体系,建立安全便捷型可持续发展的城市轨道交通模式,更好地服务于公众。

发展城市轨道交通,质量安全是根本。为了进一步提高我国城市轨道交通建设和运营安全水平,建设部于9月22日至23日组织召开了"中国城市轨道交通建设与运营安全国际研讨会"。多位来自中国科学院和中国工程院的院士出席了会议,还有来自德国西门子公司、法国 RATP SYSTRA 公司、英国伦敦地铁公司、英国 Atkins 公司、意大利 GEODATA 工程咨询公司、日本东京地下铁株式会社、香港地铁公司、国际亚新工程顾问有限公司、美国栢诚(中国)公司等境外地铁业界知名企业的有关专家,以及来自北京、上海、重庆、广州等城市轨道交通建设、运营、规划、设计、研究、咨询、院校等单位的有关专家参加了会议。

我国城市轨道交通自1965年北京地铁一期工程建设开始,经过40余年的建设和发展,取得了显著成就。截至2006年底,全国已开通运营城市轨道交通的城市有北京、天津、上海、广州、长春、大连、武汉、深圳、重庆、南京等10个城市,共21条线路,线路总长581公里,全年运送旅客达18亿人次。城市轨道交通的迅速发展,对改善群众出行条件、解决城市交通拥堵、节约土地资源、促进节能减排、推进产业升级换代、引导城市布局调整、推动城市经济发展,发挥了重要作用。

未来10年,是我国城市轨道交通建设的重要时期。目前北京、上海等已有轨道交通的10个城市还在建设许多新的线路,另有沈阳、哈尔滨、杭州、苏州、成都、西安等6个城市已获批准正在开工建设,共有61条在建线路,总长1700公里;还有一些城市正在规划发展城市轨道交通项目。为了促进我国城市轨道交通的又好又快发展,黄卫认为,应该按照科学发展观的要求,妥善处理好以下几个关系:一是需要与可能的关系;二是科学规划与适时建设的关系;三是社会效益与经济效益的关系;四是引进与自主创新的关系;五是城市中心区与郊区发展的关系。

关于质量安全工作,黄卫特别提出,发展城市轨道交通要把质量和安全放在特别突出的位置。他认为,目前我国轨道交通的发展规模和速度在全世界都是史无前例的。由于建设规模比较大、建设速度比较快,当前已经出现了一些值得高度重视的问题。如,很多城市同时上马城市轨道交通项目,存在建设和运营技术力量不足、高端人才和富有经验的技术骨干缺乏的现象;一些城市轨道交通项目上马后急于交付使用,建设周期太短,很多线路存在边设计、边勘测、边施工的现象,抢工期、抢进度问题比较突出,工程质量和安全隐患不断增加。近年来,已有不少地方的城市轨道交通在建设过程中发生了质量和安全事故,造成人员伤亡和经济损失。城市轨道交通运营安全虽然保持了比较稳定的态势,但也存在一些薄弱环节和安全隐患,如部分乘客安全意识薄弱,往往成为事故的诱因,另外地铁容易成为人为破坏和恐怖袭击的目标,安全防范措施亟待加强。

为了进一步提高城市轨道交通建设和运营安全水平,黄卫认为,应该重点把握以下几个方面:

一是建立健全质量安全标准体系,充分发挥标准规范的引导和约束作用,对违反强制性标准的单位和个人,应当依据有关法律、法规和部门规章予以处罚。

二是加强法规和制度建设,全面落实项目业主、勘察设计、施工、监理等相关单位的质量安全法定责任制度,依法规范乘客行为,保护城市轨道交通安全设施。

三是加快关键技术的研究和推广,充分发挥政府支持、产学研结合的优势,组织全国力量,集中解决一批城市轨道交通发展过程中面临的核心和全局性的问题。据悉,今年4月,科技部已将"新型城市轨道交通技术"研究项目列入"十一五"国家科技支撑计划,由建设部组织实施。

四是建立健全应急管理机制,按照反恐、消防、事故救援等有关要求,在城市轨道交通设施内设置报警、灭火、逃生、防汛、防爆、防护监视、紧急疏散救援等器材和设施设备;同时加强应急处置能力建设,制订和完善城市轨道交通的各类事故灾难应急预案,并加强应急力量和资源的建设,培养一支训练有素、处置有方的专业抢险队伍和专家咨询队伍,做好应急抢险物资、装备的储备和管理,确保事故灾难得到及时、妥善处置。

五是加强国际交流与合作。黄卫认为,与发达国家相比,中国城市轨道交通起步晚,在技术、经验、人才的积累方面,与发达国家还有差距,需要向国外同行学习、借鉴;同时,中国城市轨道交通的快速发展,有些经验和成果也希望能够与其他国家分享,以共同推动世界轨道交通事业的进步。因此,轨道交通领域的国际交流与合作,前景十分广阔。建设部这次举办国际研讨会,就是一次重要的尝试。

第六届住博会将于2007年11月15日在京举行

第六届中国国际住宅产业博览会(简称"住博会")于2007年11月15日至18日在北京展览馆隆重举行。本届住博会由建设部主办,由建设部住宅产业化促进中心、中国建筑文化中心、北京市建委、北京嘉华四季国际会展有限公司共同承办,展出规模3万平方米。

根据党中央、国务院关于大力发展节能省地型住宅,以及构建资源节约型、环境友好型社会的要求,建设部下发了"关于发展节能省地型住宅和公共建筑的指导意见"(建科[2005]78号);为推动节能省地型住宅的发展,组织编制了《住宅建筑规范》(GB 50368—2005)、《住宅性能评定技术标准》(GB/T 50362—2005)、《绿色建筑评价标准》(GB/T 50378—

2006),以指导节能省地型住宅建设与相关技术的推广和应用。本届住博会是建设部贯彻落实党中央、国务院提出的科学发展观、建设资源节约、环境友好型社会的总体要求的又一项重要举措,通过展会加强住宅产业方面的国际交流,充分展示国内外住宅节能、节地、节水、节材、环保的最新、实用技术成果,引导住宅产业走新型工业化道路,大力发展节能省地型住宅,全面提高住宅的质量、品质和性价比。

本届住博会的主题是"依托住宅产业化,大力发展节能省地型住宅,提高住宅的品质和性能,构建资源节约、环境友好型的和谐住区"。本届住博会将邀请美国、加拿大、瑞典、丹麦、德国、荷兰、日本等国家的企业以及国际组织前来参展,并设住宅产业化综合展区、可持续发展居住社区、大型住宅产业集团综合技术与部品展区、住宅节能技术与产品专题展区、住宅节水技术与产品专题展区、住宅节材技术与产品专题展区、住宅环境技术与产品专题展区、住宅产业新技术与部品展区、住宅产业相关产业链展区、优秀住宅建筑设计大赛作品展区等若干展区,博览会期间还将举办各种大型会议和一系列技术交流研讨,如国际住宅产业化高峰论坛、全国(部分省市)住宅产业化工作座谈会、国际住宅与可持续发展住区研讨会、住宅产业化与节能省地型住宅、建筑节能、节地、节水、节材专题研讨会以及新技术和新产品推介发布会近百场。

为了引导住宅产业的健康发展,鼓励广大住宅产业企事业单位的创新精神和积极性,组委会将对推动中国住宅产业现代化工作方面做出突出贡献的企业和个人予以表彰,并通过媒体进行宣传。

建造师考试信息

2008年一级建造师考试时间已定

根据人事部办公厅是前发布的国人厅发[2007]148号文,2008年一级建造师考试定于2008年9月13、14日。

地方信息

北京奥运场馆29个已竣工

北京市"2008"工程建设指挥部办公室透露,为满足第29届奥运会赛事要求,北京市共需建设31个比赛场馆,45个独立训练场馆,5个相关设施。截至目前,共有29个场馆竣(完)工,其中比赛场馆21个,训练场馆8个。

在12个新建场馆中,已有6个竣工,分别是顺义奥林匹克水上公园、北京射击馆、北京工业大学体育馆、中国农业大学体育馆、奥林匹克公园网球中心、老山自行车馆。其余6个场馆正按计划抓紧进行建设,国家体育场进行膜结构安装和室内精装施工,国家游泳中心进行机电设备调试和室内精装修,国家体育馆进行室内装修和外围棚架施工,五棵松体育馆进行机电设备安装和室内装修,北京大学体育馆和北京科技大学体育馆正进行室内精装修和设备安装调试。

在11个改扩建场馆中,有7个已竣工,分别是丰台垒球场、北京理工大学体育馆、北京射击场(飞碟靶场)、奥体中心体育场、英东游泳馆、奥体中心体育馆、老山山地自行车场。其余4个场馆正在按计划抓紧建设,工人体育馆、工人体育场正进行装修、设备安装施工,首都体育馆正进行设备安装及装修施工,北京航空航天大学体育馆正进行设备调试和室内精装修施工。8个临时建设场馆已全部竣工,分别是国家会议中心击剑馆、朝阳公园沙滩排球场、奥林匹克公园曲棍球场、射箭场、五棵松棒球场、老山小轮车赛场、城区自行车公路赛场、铁人三项赛场。在45个训练场馆中,8个已竣工,其余37个项目正抓紧建设。

北京奥运会将拥有奥运史上第一个太阳能奥运村

"奥运科技工作情况"新闻发布会上透露,北京奥运会的奥运村将在奥运会历史上第一次全面采用世界最先进的太阳能光热系统提供热水给运动员洗浴,奥运村内的路灯照明用电也将由太阳能产生。"国家体育馆100kW太阳能光伏电站建设"即将完成电站安装调试,下月进行试运行与课题验收。按照"好运北京"体育赛事的计划,国家体育馆将于今年11月至明年1月举行体操、蹦床、轮椅篮球等一系列赛事,届时,项目将按时完成,赛事期间可为国家体育馆提供100kW太阳能发电。

北京1.6亿m²建筑年内将完成节能改造

北京有1.6亿m²的既有建筑需要进行节能改造,

第一批圈定的目标性改造项目,包括政府机关办公楼、高耗能建筑及居住环境较恶劣的住宅区域。

根据建设部公布的数据,每平方米既有建筑进行节能改造的费用约为200元,据此推算,北京市的建筑节能改造市场约320亿元。

安徽 让招标代理发挥应有的作用,多措并举加强工程招标代理管理制度建设

近年来,安徽省建设行政主管部门在培育和发展工程招标代理机构的过程中,采取多项措施加强招投标代理制度的建设和管理,针对性较强,注重发挥行业协会的作用,较好地保证了工程招标代理制度的落实。自2004年以来,该省实行招标代理项目13393个,中标价9733670万元。截至2007年5月,该省已有甲级招标代理机构12家,乙级招标代理机构106家。

严格市场准入制度

安徽省建设厅在受理招标代理机构资格申请时,严格按照《行政许可法》的程序,严格执行《工程建设项目招标代理机构资格认定办法》,严格依照标准要求,对中级以上专业技术职称或者相应执业注册资格专职人员的劳动合同关系、缴纳社保等进行重点考核,对缴纳社保的事项,还根据需要联系企业所在地的社保管理机构协助核查,以确保申请企业真正具有足够的专业人员力量。

全省联网监控招标代理机构

为规范招标代理机构及其从业人员的市场行为,保证工程招标投标活动合法有序,安徽省建设工程招标投标办公室对全省招标代理机构及其专职从业人员名单进行了系统整理,自2005年起在安徽省建设工程招标投标信息网上联网公布。这样做一是方便招标人选择招标代理机构;二是促进招标代理机构使用专职从业人员依法开展招标代理业务,防止挂靠、出卖资质以及非专职从业人员开展招标代理业务等行为的发生;三是便于全省各级建设工程招标投标办公室上网查询,监管跨区招标代理机构及其从业人员行为,更好地净化招标代理市场环境,保证工程招标代理的质量。

推行业绩信用登记制度

为建立公开、公平、公正的建设工程招投标市场,倡导诚信工程招标代理,提高招标代理队伍素质,安徽省建筑工程招标投标协会向招标代理机构的从业人员发放信用登记手册,推行业绩信用登记制度。从业人员在从事招标代理业务时,须向行政监管部门出示手册,在完成招标代理业务时,必须由招标人和行政监管部门进行评价,并在手册上进行记载,以杜绝非专职从业人员从事招标代理业务,规范从业人员行为。手册同时也可反映招标代理机构从业人员的业绩和工作经历。

推行招标代理责任追究制度

安徽省积极探索推行招标代理责任追究制度。在发布招标公告时,要求公布招标代理机构和其从业人员名单,实行实名制管理,接受社会监督;要求从业人员在相关文件上签署真实姓名,确保落实责任追究制度。对违法违规者,招投标监管机构将依法进行处罚,并视情节停止其执业资格,记录不良行为。同时,进行公示,公示时间将不少于3个月。

加强行业诚信自律建设

安徽省建设工程招标投标办公室委托建筑工程招标投标协会制定了《安徽省工程建设项目招标代理行业诚信自律公约》,约定自觉遵守自律诚信行为9条,违约违法惩罚措施两条。2006年6月18日,该协会与全省甲级招标代理机构签署了《安徽省工程建设项目招标代理行业诚信自律公约》。同时,安徽省还在全省招标代理机构中开展了"双满意招标代理机构"创建活动,要求招标代理机构依法开展招标代理工作,遵循公开、公平、公正和诚实守信原则,对招标人和投标人负责,让招标人和投标人满意。

此外,安徽省在培育和发展招标代理机构的过程中,还注重引导招标代理机构走从事建筑业综合类中介服务(包括工程监理、工程造价等)的发展道路,鼓励其进行多种经营,而不是从事单一的招标代理业务。从该省的实践看,单一从事招标代理业务的一些招标代理机构,目前面临的困难较大,抵御市场风险能力不够,发展后劲也不足。但从事建筑业综合类中介服务的一些企业,其发展和竞争的实力较强,如安徽省建设监理有限公司,目前同时拥有包括招标代理机构资格在内的多项建筑业中介服务资质,其市场业绩占有量和信誉度都较高。